市政工程现场管理

杭州市城市建设发展集团有限公司　组织编写

胥　东　史官云　主编

中国建筑工业出版社

图书在版编目（CIP）数据

市政工程现场管理 / 杭州市城市建设发展集团有限
公司组织编写；胥东，史官云主编. — 北京：中国建
筑工业出版社，2021.12
ISBN 978-7-112-26892-4

Ⅰ. ①市… Ⅱ. ①杭… ②胥… ③史… Ⅲ. ①市政工
程－施工现场－施工管理 Ⅳ. ① TU99

中国版本图书馆 CIP 数据核字（2021）第 247778 号

市政工程项目是城市基础设施建设的重要组成部分，主要包含城镇道路工程、城市桥梁工程、城市轨道交通和隧道工程、城市给水排水工程、城市管道工程、生活垃圾填埋（焚烧）处理工程等。

本书基于杭州市城市建设发展集团有限公司近年的市政工程建设实践，针对 BIM 技术、信息化管理、绿色工地等新技术和新发展的需求，系统地梳理了市政工程建设管理的相关程序、要点和重难点。全书共分为 7 章，内容包括：市政工程概述；市政工程项目管理；市政工程质量控制；市政工程进度控制；市政工程安全管理；市政工程文明施工管理；市政工程质量创优。

本书可供市政工程项目施工、验收及管理人员参考使用，也可作为高校相关专业师生的参考用书。

责任编辑：刘婷婷
责任校对：张　颖

市政工程现场管理

杭州市城市建设发展集团有限公司　组织编写
胥　东　史官云　主编
*
中国建筑工业出版社出版、发行（北京海淀三里河路 9 号）
各地新华书店、建筑书店经销
北京鸿文瀚海文化传媒有限公司制版
北京建筑工业印刷厂印刷
*
开本：787 毫米 ×1092 毫米　1/16　印张：12　字数：287 千字
2021 年 12 月第一版　2021 年 12 月第一次印刷
定价：**60.00** 元
ISBN 978-7-112-26892-4
（38160）

本书编委会

组织编写单位： 杭州市城市建设发展集团有限公司

参加编写单位： 杭州市地下管道开发有限公司

　　　　　　　　浙江省长三角城市基础设施科学研究院

主　　编： 胥　东　史官云

副 主 编： 宋　伟　张文俊　叶圣炯

参编人员： 刘敬亮　郑剑彪　王迎迎　刘子瑜　苏文建

　　　　　　王　萍　高　骏　陈泽铭　孔末娟　储永红

　　　　　　陈　斌　周　婕　许晓莹

前　言

　　市政工程是城镇基础设施的重要组成部分，是经济发展必需的基本要素；是与人民生产、生活、社会安全密切相关的社会公共设施；也是城镇可持续发展的基本条件之一。市政工程包含城镇道路工程、桥梁工程、给水排水管道及水处理工程，城市地上地下轨道工程、交通场站工程，各类城镇广场工程，城市隧道工程、地下综合管廊工程，城镇供热、供水、供气工程，城镇垃圾及废弃物处理工程，以及环境生态修复工程等，其涉及专业繁多，技术复杂，学科多样。

　　市政工程建设涉及规划、施工与运行管理各环节，必须符合合理、可靠、安全、环保、经济、节约等要求。在市政工程建设施工阶段，涉及建设、勘察、设计、施工、监理五方主体和政府对工程建设程序、安全、质量、进度、投资的监督。各方从业人员的建设行为应遵守国家、地方政府及授权的管理部门机构所发布的法律、法规、标准及相关规定。市政工程建设施工现场则是上述活动的集中体现及建设目标、成果展示的终极场所。因此，市政工程建设现场管理无疑成为市政工程建设成败的关键所在。

　　杭州市城市建设发展集团有限公司组织市政工程规划、设计、施工、监理、管理等相关专业具有丰富理论基础和实际工作经验的工程技术人员，编写了《市政工程现场管理》一书，针对市政工程建设的决策及实施、工程质量创优、施工现场文明、绿色施工等作了较为详实的介绍。同时，结合浙江省杭州市的市政工程建设案例进行具体分析，以期为施工现场管理人员提供一份十分有益的经验。本书也可作为市政工程类专业大、中专院校的辅助教材，以适应目前市政工程建设行业对院校毕业生的就业需要。

　　本书在编著过程中得到了杭州市建设工程质量安全监督总站张杰、浙江工程建设管理有限公司叶丽宏和杭州市市政工程集团有限公司陈小亮的支持和帮助，在此深表谢意。

　　由于市政工程建设发展日新月异，新技术、新工艺、新材料、新装备不断涌现，现场管理水平也在不断提升，因此，书中内容难免有不到之处，甚至纰漏差错，敬请读者批评指正。

编者

2021 年 10 月 1 日

目　　录

第1章 市政工程概述

现代政府管理理论认为，政府为了实现预期的宏观经济效益和社会效益，促进社会经济协调、稳定、可持续发展，需要直接或间接为国民经济和社会生活提供服务或创造条件。政府的核心职能是为社会提供公共产品和公共服务，即"为发展提供基础设施"。"基础设施"一词来源于拉丁文，最初用于与战争有关的军事建设，与"基础结构"同义。随着社会经济的发展，大约在19世纪40年代，被西方经济学家引入用于经济结构和社会再生产的研究，指向那些为社会再生产提供一般条件的行业或部门。从发展经济学角度看，基础设施被诠释为"间接成本"，是向一个以上行业提供产品或服务的经济性活动，可进一步分为经济间接成本和社会间接成本。

1.1 市政工程含义

"市政"含义很广，有城市就有市政。《辞海》中将市政工程定义为：为城镇生产和居民生活服务的各种公用的工程建设的总称。它属于财政投资的公益性项目，服务于城市的建设和发展，是城市基础设施的重要组成部分。同时，它也是社会发展的基础条件，与人民生活密切相关，是为人民提供必不可少的物质条件的城市公共设施项目。

总的来说，市政工程就是以向城市中的居民和各类经济主体的生产和生活提供必要市政基础设施条件和服务为建设目的的工程，是城市建设的重要组成部分。而其中的市政基础设施，是在城市、镇（乡）规划建设范围内设置，基于政府责任和义务为居民提供有偿或无偿公共产品和服务的各种市政物、构筑物、设备等，包括城市建设中的各种公共交通设施、给水、排水、燃气、城市防洪、环境卫生及照明等。

1.2 市政工程范围

市政包含城市的组织、法制、规划、建设、管理等方面。而市政工程项目则是"市政"范畴中有关工程建设方面的一类项目，是城市基础设施建设的重要组成部分。市政工程主要包含城镇道路工程、城市桥梁工程、城市轨道交通和隧道工程、城市给水排水工程、城市管道工程、生活垃圾填埋（焚烧）处理工程等。

1.2.1 城镇道路工程

道路通常是指为陆路交通运输服务，通行各种机动车、非机动车及行人的统称。道路按使用性质分为城镇道路、公路、厂矿道路、农村道路、林区道路等。

城镇道路是指在城市范围内具有一定技术条件和设施的道路，是市政公用工程建设的重要组成部分。城镇道路不仅是城市交通运输的基础，而且也为街道绿化、地上杆线、地下管网及其他附属设施提供容纳空间。此外，城镇道路还把城市的土地按不同的功能进行分区，为城市生产、通风、采光、绿化和居民居住、休憩提供环境空间，并为城市防火、防震提供隔离避难、抢救的空间。

根据道路在城镇道路网中的地位、交通功能以及对沿线的服务功能，我国目前将城镇道路分为四个等级：快速路、主干路、次干路及支路。根据使用功能的要求，城镇道路一般由车行道、非机动车道、中央分隔带及附属设施等部分组成。城市主干路的标准横断面如图1.1所示。图1.2为杭州艮山快速路实景图。

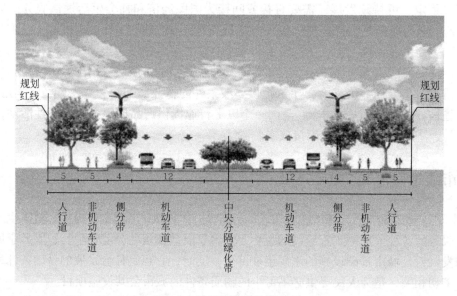

图 1.1　城镇道路标准横断面

图 1.2　杭州艮山快速路

1.2.2 城市桥梁工程

桥梁是跨越障碍物（如河流、其他道路、铁路等）的结构物。桥梁按用途可分为公路桥、城市桥梁、铁路桥、公路（城镇道路）铁路两用桥、人行桥、管线桥等；按桥梁长度和跨径可分为特大桥、大桥、中桥和涵洞；按结构体系可分为梁式桥、拱桥、钢架桥、悬索桥和斜拉桥等。

城市桥梁是城镇道路的重要组成部分，随着城市的发展，高等级道路及高架道路大量修建，桥梁工程不仅规模巨大，而且技术要求高，施工难度大，往往成为道路能否建成的关键，可以说，桥梁是城镇道路的咽喉和枢纽。

城市桥梁除了满足通行的基本要求外，还需满足安全可靠、实用耐久、经济合理、与环境相协调的要求。城市桥梁因为造型美观、结构新颖，已成为城市景观的一部分（图1.3~ 图1.5），很多城市都因水而兴、因桥而名。

图1.3 杭州钱塘江一桥

图1.4 杭州九堡大桥

图1.5 杭州东湖立交桥

1.2.3 城市轨道交通和隧道工程

（1）城市轨道交通

为缓解交通拥堵、减少环境污染、满足人民群众出行的需求，城市轨道交通已成为大城市公共交通系统的骨干，具有安全快速、准时高效、节能环保等特点，属绿色环保交通体系（图1.6~图1.8）。

根据城市轨道交通的界定范围，将技术成熟、已经作为城市公共交通正式运营的交通分为7种类型：城市市郊快速铁路、地下铁道、轻轨交通、单轨交通、新交通系统、线性电机牵引的轨道交通系统和有轨电车。

图1.6 杭州地铁5号线　　　　　　　图1.7 杭州地铁1号线轨道

图1.8 上海松江有轨电车

（2）城市隧道

城市隧道，是指为适应城市交通大流量、快速通行的需要，而修建在城市地下、穿越江河以及城市山体供机动车辆通行的构筑物。隧道规模宜根据隧道两端接地点之间的距离确定，其分类应根据封闭段长度L分为4类，如表1.1所示。

城市隧道分类　　　　　　　　　　　　表1.1

分类	特长隧道	长隧道	中隧道	短隧道
长度L（m）	$L>3000$	$3000 \geqslant L>1000$	$1000 \geqslant L>500$	$L \leqslant 500$

与其他类型隧道相比,城市隧道具有建设干扰多、通行压力大、维护成本高、消防要求严的特点,一般采用盾构开挖施工(图 1.9~ 图 1.11)。

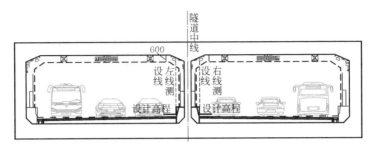

图 1.9　常规城市隧道断面图

图 1.10　杭州紫之隧道

图 1.11　杭州庆春路隧道

1.2.4 城市给水排水工程

城市给水排水工程通常指用于水供给、雨（污）水排放和水质改善的工程，分为给水工程和排水工程。古代的给水排水工程只是为城市输送用水和排泄城市内的降水、污水。近代的给水排水工程是为控制城市内伤寒、霍乱、痢疾等传染病的流行和适应工业与城市的发展而建立起来的。现代的给水排水工程已成为控制水媒传染病流行和环境水污染的基本设施，是发展城市及工业的基础设施之一。

（1）城市给水工程

城市给水工程是为居民和厂矿、企业供应生活生产用水的工程，是城市公用事业的组成部分。城市给水系统通常由水源、输水管（渠）、水厂和配水管网组成。从水源取水后，经输水管（渠）送入水厂进行水质处理，处理过的水经加压后通过配水管网送至用户（图1.12、图1.13）。

为了满足用户对水质、水量和水压的要求，给水系统一般由以下几部分组成：①取水构筑物，是从取水水源收集原水而设置的各种构筑物的总称。②水质处理构筑物，是对不满足用户水质要求的水，进行净化处理而设置的各种构筑物的总称，这些构筑物及其后面的二级泵站和清水池通常布置在水厂内。③泵站，是为提升和输送水而设置的构筑物及其配套设施的总称，主要由水泵机组、管道和闸阀等组成，这些设备一般均可设置在泵房内。④输水管（渠）和配水管网，是将原水输送到水厂或将清水送到用水区的管（渠）设施，一般沿线不向两侧供水。⑤调节构筑物，是为了调节水量和水压而设置的构筑物，分清水池和高地水池（或水塔）等。

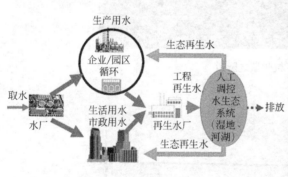

图1.12 城市给水示意图

图1.13 杭州九溪水厂

（2）城市排水工程

城市排水工程是排除人类生活污水和生产中的各种废水、多余的地面水的工程，主要包括城市污水排水系统和城市雨水排水系统。

城市污水排水系统通常是指以收集和排除生活污水为主的排水系统，主要由室内排水系统及设备、室外污水排水系统、污水泵站及压力管道、污水处理厂、排出口等组成。城市污水处理流程如图1.14所示。

城市雨水排水系统主要分为房屋雨水管道系统、街道雨水管渠系统、排洪沟、雨水排水泵站（图 1.15）、雨水出水口。另外，雨水排水系统的管渠上，也需设有检查井、消能井、跌水井等附属构筑物。

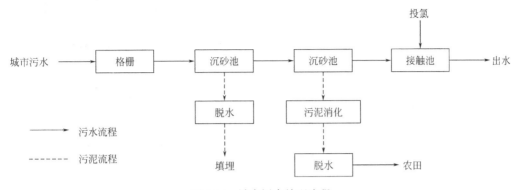

图 1.14　城市污水处理流程

图 1.15　城市雨水排水泵站

1.2.5　生活垃圾处理工程

生活垃圾处理指日常生活或者为日常生活提供服务的活动所产生的固体废弃物以及法律法规所规定的视为生活垃圾的固体废物的处理，包括生活垃圾的源头减量、分类收集、储存、运输、处理等。生活垃圾的处理方式主要有焚烧、堆肥和填埋等。生活垃圾处理流程如图 1.16 所示。

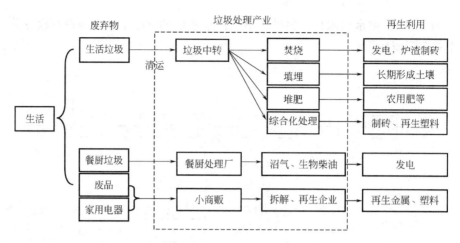

图 1.16　生活垃圾处理流程

生活垃圾处理工程既要满足城市近期需要，又要考虑远期发展。工程建设必须符合省、市的生活垃圾处理总体规划、环境卫生专业规划、垃圾处理专项规划，并服从城市总体规划，满足人民对环境的要求。生活垃圾处理工程的建设占用土地量较大，作为环境保护项目，同时又容易对环境造成二次污染，对周围环境造成较大影响，因此，在建设过程中必须严格遵守国家有关法律和法规（图 1.17）。

图 1.17　杭州某垃圾填埋场作业

1.2.6　城市管线工程

城市管线是指城市范围内给水、排水、燃气、热力、电力、通信、广播电视、工业等管线及其附属设施，是保障城市运行的重要基础设施和"生命线"，为城市生产、生活、通信等提供基本保障（图 1.18）。

图 1.18　管线施工

近年来，各地由地下管线问题引发的城市内涝、道路塌陷、管线爆裂等事故呈高发态势。由于不掌握地下管线的基本信息，城镇道路屡屡被"开膛破肚"，不少城市出现群众反映强烈的道路多次开挖问题。

为破解城市管线条块分割、多头管理的问题，国家部署开展城市地下综合管廊建设试点工作。城市管廊工程，也称为城市地下管道综合走廊，即在城市地下建造一个隧道空间，将电力、通信、燃气、供热、给水、排水等各种工程管线集于一体，设有专门的检修口、吊装口和监测系统，实施统一规划、统一设计、统一建设和管理，是保障城市运行的重要基础设施（图 1.19）。

图 1.19　杭州德胜管廊

1.3 市政工程特点

1.3.1 市政工程具有的一般工程项目特点

作为工程项目的一个重要组成类别，市政工程具有如下特点：

（1）单件性、固定性、实物形态一次形成、使用价值逐次转移性。

（2）投资规模大，建设工期或实施周期长，时滞效应明显，且年度投入量分布不均匀。

（3）存在较高的沉没成本风险，需要周密的前期调研，项目前期费用较高。相对于维修经营费用，一次性建设成本巨大。

（4）宏观经济贡献明显，可造福于整个国家或区域经济、地方经济。

（5）项目不确定因素大，决策风险、市场风险、技术风险大，对生态环境产生很大影响，需考虑对生态、环境、社会、国民经济或区域经济效益的影响。

（6）很强的区域性特点。一旦形成不再发生转移，受益区域一般存在明显界限，其建设和管理一般划入地方政府的职责范围。

1.3.2 市政工程具有的线性工程特点

相较于建筑物等"点式"工程，市政工程项目一般属于"线性"工程，从这个角度看，市政工程具有如下特点：

（1）自然垄断性

生产上具有规模经济属性，经营上具有自然垄断的特性。尤其具有网络特性的基础设施，如供水、供电、煤气、电信等，呈现更明显的自然垄断性。

（2）前期工作推进难

随着城市化进程的加快，市政工程，特别是市政路桥管道工程，均涉及工程启动后的推进三大难题：一是房屋拆迁难，拆迁涉及居民、企业的利益非常大，情况复杂，拆迁补偿费用高，导致工程边施工边拆迁，甚至出现钉子户导致工程停工情况；二是管线迁移难，工程沿线既有管线非常多，给水、燃气、通信、电力、雨污水等种类繁多，涉及面非常广，不仅施工期间安全保护责任大，而且因影响工程建设，需在主体工程前对各类管线进行迁改，视管线重要等级，往往迁改花费时间长；三是交通组织难，城市交通非常拥堵，工程建设期间因施工占道或者材料运输，必然加剧拥堵情况，因此需要在施工期间做好交通围护，与交通管理部门共同做好交通疏导。

（3）施工场地狭窄

市政工程大多在城市的大街小巷进行，场地狭窄，提高了项目进度控制、施工组织、质量控制的难度，也使得项目实施对环境的依赖和影响比较大。

（4）施工条件变化大，可变因素多

市政工程多数系露天作业，受自然气候影响大，而且市政工程项目施工过程中，往往地下管线交叉，常常遇到管线位置不清的情况，容易发生事故。

（5）协调工作量大

市政工程项目具有综合性、多样性、作业面层次多、战线长、项目利益相关者较多等特点，协调工作量大。

（6）质量要求高

有些市政工程项目施工工艺复杂，资金投入量大，而且事关群众生活和城市形象，有一定的政治性要求。

（7）安全文明施工要求高

市政工程很多时候是改扩建项目，施工过程中将影响周边地段的环境和交通，干扰大，往往给相应区域的城市居民或企业的生活、生产带来不便，需特别做好安全文明施工工作。

1.3.3 市政工程所具有的公共投资角度的特点

市政公用设施属于公共产品或准公共产品，注重满足社会公共需要，建设成本一般难以得到完全补偿，民间资本或非公资本投入的积极性不高，只能由政府进行投资和管理，从这个角度看，市政工程具有如下特点：

（1）注重社会效益，追求社会福利最大化是城市基础设施投资的基本目的。

（2）高投资、低收益，投资效益普遍较低。

（3）投资收益具有间接性和综合性，难以量化，定价困难。

（4）资金来源渠道单一，基本以政府投资为主。

（5）目标的多重性，往往同时具有效率目标和公平目标。

第2章 市政工程项目管理

2.1 市政工程全寿命周期

2.1.1 全寿命周期的概念

任何一项市政工程项目，从形象的意义上来说，其全部寿命应为从投资立项之日开始，一直到市政工程项目产品在使用完毕后报废或重新大翻修改造时为止。全寿命周期是工程造价控制理论的一个词汇，是指一个建设项目从立项开始，到建成投产，到生产运行，再到报废淘汰即项目完全失去效益的整个过程。

2.1.2 全寿命周期阶段划分

一般情况下，可以将市政工程全寿命周期划分为项目决策、项目实施和项目运营三大阶段。从市政工程建设的基本程序看，全寿命周期的三大阶段又可以进一步明确为：项目决策阶段、项目设计阶段、项目施工阶段和项目后评价阶段。如图 2.1 所示。

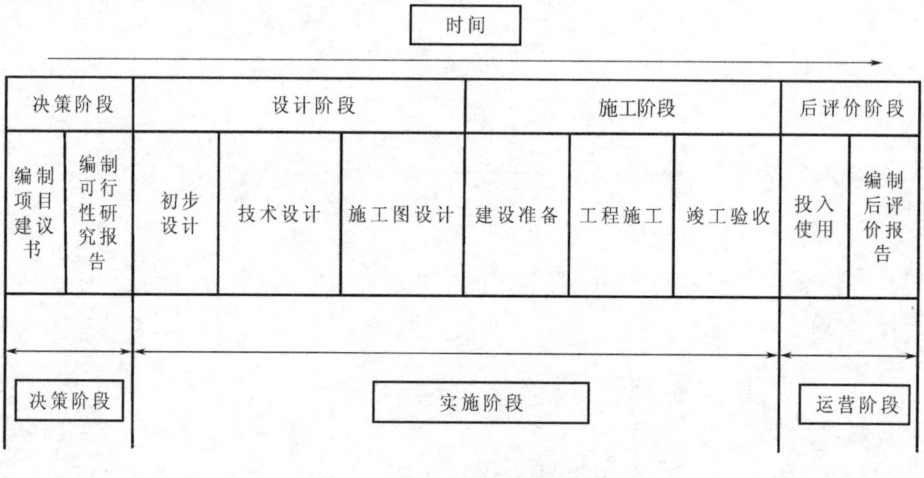

时间 →									
决策阶段		设计阶段			施工阶段			后评价阶段	
编制项目建议书	编制可行性研究报告	初步设计	技术设计	施工图设计	建设准备	工程施工	竣工验收	投入使用	编制后评价报告
决策阶段		实施阶段						运营阶段	

图 2.1 全寿命周期阶段划分

（1）决策阶段

1）项目建议书阶段

项目建议书是由投资者对准备建设的项目所提出的大体设想和建议。主要是确定拟建项目的必要性和是否具备建设条件及拟建规模等，为进一步研究论证工作提供依据。从1984 年起，国家明确规定所有国内市政工程项目都要经过项目建议书这一阶段，并规定了具体内容要求。与该阶段相联系的工作包括由有关主管部门所组织的对项目建议书进行立项评估等。项目建议书一经批准，就是项目"立项"，可以对项目建设的必要性和可行性进行深入研究，为项目的决策提供依据。

2）可行性研究阶段

根据项目建议书的批复进行可行性研究工作。对项目在建设上的必要性、技术上的可行性、环境上的许可性、经济上的合理性和财务上的盈利性进行全面分析和论证，并推荐相对令人最为满意的建设方案。与此阶段相联系的工作包括由有关主管部门所组织的对可行性研究报告进行评估等。

（2）实施阶段

1）设计阶段

根据项目可行性研究报告的批复，项目进入设计阶段。由于勘察工作是为设计提供基础数据和资料的工作，这一阶段也称勘察设计阶段，是项目决策后进入建设实施的重要准备阶段。设计阶段主要工作通常包括初步设计和施工图设计，对于技术复杂的项目还要专门进行技术设计工作。以上设计文件和资料是建设单位安排建设计划和组织项目施工的主要依据。

2）施工阶段

① 建设准备阶段

项目建设准备阶段的工作较多，主要包括征地拆迁、前期手续办理、组织招标采购，以及前期"七通一平"等施工准备工作。这一阶段的工作质量，对保证项目顺利建设具有决定性作用。这一阶段工作就绪，即可编制开工报告，申请正式开工。

② 施工阶段

在该阶段，通过具体的组织活动来完成市政产品的生产任务，最终形成工程实体。这是一个投入人力、物力和财力最大、最为集中的阶段。同时，也是设计蓝图得以最终体现的阶段。

③ 竣工验收阶段

这一阶段是市政工程项目实施全过程中的最后一个阶段，是检查、验收与考核项目建设成果、检验设计和施工质量的重要环节，也是市政工程项目能否由建设阶段顺利转入生产或使用阶段的一个重要阶段。

（3）运营阶段

1）投入使用

工程经竣工验收合格后，即可投入使用，进入运营阶段。针对不同的建设项目，运营期长短不同，市政工程项目运营期基本为 30~50 年。

2）后评价

我国以前的基本建设程序中没有明确规定这一阶段，近几年，市政工程项目建设逐步转到讲求投资效益的轨道上来，国家开始对一些重大市政工程项目，在竣工验收投入使用后，规定要进行后评价工作，并将其正式列为基本建设程序之一。这主要是为了总结项目建设成功和失败的经验教训，供以后同类项目决策借鉴。

2.2 市政工程基本建设程序

市政工程基本建设程序，是指工程项目建设全过程中各项工作必须遵循的先后顺序。它是基本建设全过程中各环节、各步骤之间客观存在的、不可破坏的先后顺序，是由市政工程项目本身的特点、客观规律和相关法律法规约束所决定的。《建设工程质量管理条例》（国务院令第 279 号）第 5 条规定："从事建设工程活动，必须严格执行基本建设程序，坚持先勘察、后设计、再施工的原则。县级以上人民政府及其有关部门不得超越权限审批建设项目或者擅自简化基本建设程序。"

进行市政工程项目建设，坚持按规定的基本建设程序办事，就是要求基本建设工作必须按照符合客观规律和法律法规要求的先后顺序进行，正确处理基本建设工作中从投资决策、勘察设计、建设实施、竣工验收、交付使用等各个阶段、各个环节之间的关系，达到提高投资效益的目的（图 2.2）。

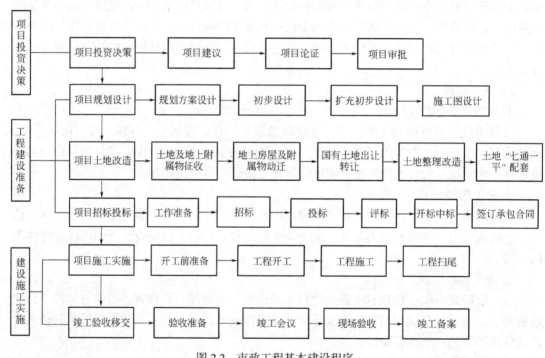

图 2.2 市政工程基本建设程序

2.3 项目决策阶段管理

项目决策阶段是对项目投资建设效果，从技术、经济、社会、环境等方面进行项目建设的必要性和可行性分析论证，提出建设投资方案的修改和完善意见，从而明确项目的投资决策，并通过必要的审批程序，奠定项目建设的基础。这一阶段通常包括项目建议、项目论证、项目审批。

2.3.1　项目投资决策审批

（1）投资管理体制

投资管理体制是指政府管理投资活动所采取的基本制度、主要形式和主要方法，是投资活动的运行机制和管理制度的总称。其内容包括：投资主体行为、资金筹措途径、投资使用方式、投资项目决策程序、建设实施管理和宏观调控制度等。

2016 年 7 月 5 日，中共中央、国务院印发了《关于深化投融资体制改革的意见》（中发〔2016〕18 号），进一步简政放权，投资管理工作重心逐步从事前审批转向过程服务和事中事后监管。确立企业投资主体地位，实行企业投资项目管理负面清单制度，除目录范围内的项目外，一律实行备案制，由企业按照有关规定向备案机关备案。

（2）政府投资项目决策的程序和内容

对于政府投资项目，仍要按照规定的程序进行决策。这类建设项目必须先列入行业、部门或区域发展规划，由政府投资主管部门审批项目建议书，审查决定项目是否立项；再经过对可行性研究报告的审查，决定项目是否决策建设。根据投资体制改革有关完善政府投资体制、规范政府投资行为、合理界定政府投资范围的规定，政府投资主要用于关系国家安全和市场不能有效配置资源的经济和社会领域，包括加强公益性和公共基础设施建设，保护和改善生态环境，促进欠发达地区的经济和社会发展，推进科技进步和高新技术产业化。按照投资事权划分，中央政府投资除本级政权等建设外，主要安排跨地区、跨流域以及对经济和社会发展全局有重大影响的项目。

对于政府投资体制，"中发〔2016〕18 号"文提出以下意见：①进一步明确政府投资范围。政府投资资金只投向市场不能有效配置资源的社会公益服务、公共基础设施、农业农村、生态环境保护和修复、重大科技进步、社会管理、国家安全等公共领域的项目，以非经营性项目为主，原则上不支持经营性项目。②优化政府投资安排方式。政府投资资金按项目安排，以直接投资方式为主。对确需支持的经营性项目，主要采取资本金注入方式投入，也可适当采取投资补助、贷款贴息等方式进行引导。安排政府投资资金应当在明确各方权益的基础上平等对待各类投资主体，不得设置歧视性条件。③规范政府投资管理。改进和规范政府投资项目审批制，采用直接投资和资本金注入方式的项目，对经济社会发展、社会公众利益有重大影响或者投资规模较大的，要在咨询机构评估、公众参与、专家评议、风险评估等科学论证基础上，严格审批项目建议书、可行性研究报告及初步设计。④加强政府投资事中事后监管。加强政府投资项目建设管理，严格投资概算、建设标准、建设工期等要求。严格按照项目建设进度下达投资计划，确保政府投资及时发挥效益。严格概算执行和造价控制，健全概算审批、调整等管理制度。

（3）政府投资项目审批

1）适用范围

审批制适用于政府投资项目。政府投资项目是指全部或部分使用中央预算内资金、国债专项资金、省级预算内基本建设和更新改造资金投资建设的地方项目。政府投资主要用于社会公益事业、公共基础设施和国家机关建设，改善农村生产生活条件，保护和改善生态环境，调整和优化产业结构，促进科技进步和高新技术产业化。政府投资采取直接投资、资本金注入、投资补助、贴息等投资方式。

对于采用直接投资和资本金注入方式的政府投资项目，适用审批制。通常情况下，市政基础设施工程、城市公共设施工程都属于政府投资建设项目，适用审批制。

2）审批权限

省级发展改革部门是全省政府投资管理工作的主管部门，市、州、县（市、区）发展改革部门是本行政区域内的政府投资管理工作的主管部门。

政府投资 300 万元及以上的建设项目，由省级发展改革部门审批项目建议书、可行性研究报告、初步设计及概算，并组织竣工决算验收（初步设计概算总投资与审定的可行性研究报告的总投资差额不能超过10%，确需超过的，应当按程序重新报批可行性研究报告）。

政府投资 300 万元以下的建设项目，按职责权限和隶属关系由省级有关部门或市级政府发展改革部门审批项目建议书、可行性研究报告、初步设计及概算，并组织竣工验收。

3）审批程序

政府投资项目审批程序如图 2.3 所示。

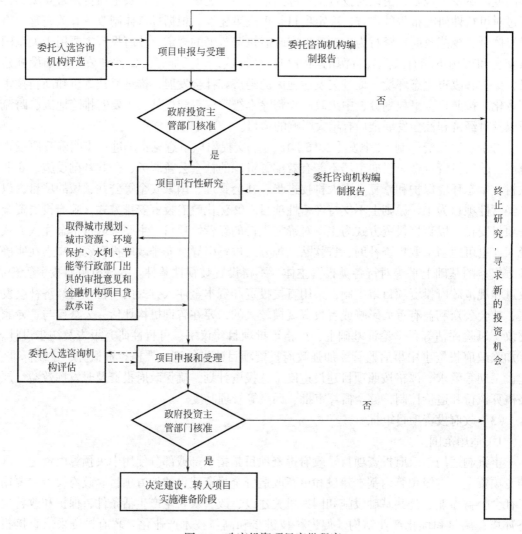

图 2.3 政府投资项目审批程序

2.3.2　项目建议书

项目建议书是一个工程项目实施的起点。

市政工程项目建议书是项目建设单位、项目法人依据国民经济发展中长期规划和国家相关产业政策、生产力布局等相关规定，按照地方和城市社会经济发展的规划要求，根据地方和城市所处的社会经济地位、外部条件、环境条件等主要因素，就某一具体新建、改扩建项目提出的实施该项目投资建设的建议文件。

项目建议书一般是由项目投资方向其主管部门上报的文件，主要从总体上论证项目设立的必要性和可能性，把项目投资的设想变为概略的投资建议。项目建议书可供项目审批机关作出初步决策，减小项目选择的盲目性，为下一步可行性研究打下基础。

2.3.3　项目可行性研究报告

（1）可行性研究报告的概念

可行性研究报告是在制订市政工程项目计划的前期，从工程技术、财务测算、社会影响等角度，进行投资建设方案的多方面分析、论证和评价，以明确该工程项目建设是否在技术上可行可靠、在经济上合算有效益、对社会总体上有正面良性影响等情况的书面材料。可行性研究报告是在项目建议书基础上的全面深化、细化、修正、提升和完善。

（2）项目可行性报告的主要内容

根据项目可行性研究的目的和作用，可行性研究报告主要通过实事求是的调查研究和评价分析，提出如下内容：

1）基本情况

① 项目单位基本情况。包括单位名称、地址、邮编、联系方式、法人代表、人员、资产规模、隶属关系等。

② 项目负责人基本情况。包括姓名、职务、专业、联系方式，与项目相关的主要业务经历和业绩等。

③ 项目基本情况。包括项目名称、项目类型、项目属性、主要工作内容、预期总目标及阶段性目标；主要预期经济效益或社会效益指标；项目总投入情况（包括人、财、物等方面）。

④ 合作单位的基本情况。包括单位名称、地址、邮编、联系方式、法人代表、人员、资产规模等。

2）必要性和可行性

① 项目背景情况。包括项目建设单位的背景及发展现状；项目建设单位需求分析；项目是否符合国家政策规定；是否有利于产业升级换代、转型等要求；是否属于国家政策优先支持的领域和范围。

② 项目实施的必要性。包括项目实施可以解决哪些当前急需解决的问题；对促进单位和区域的相关事业发展；对促进单位和区域的经济、社会、文化、环境效益的提升和发展有何实际而重要的意义；对改善民生、发展公益、促进区域进步有何实际作用和效果等。

③ 项目实施的主要工作思路与设想。包括项目预算的合理性及可靠性分析；项目预

期的社会效益与经济效益分析，与同类项目的对比分析；项目预期效益的持久性和稳定性分析。

④ 项目风险与不确定性分析。包括项目实施存在的主要风险、困难与不确定性分析预测；应对风险的主要措施和运作研究。

3）实施条件

① 人员条件。包括项目负责人的组织管理能力，技术负责人的知识、经验、专业业务能力水平，项目主要参加人员的姓名、职务、职称，专业等，以及对同类项目建设的熟悉、了解情况。

② 资金条件。包括项目资金投入总额及投入计划，对财政资金需求情况及额度，其他渠道资金来源及其筹措、落实情况。

③ 基础条件。包括项目建设单位及其合作单位、二级主体单位为项目建设已安排具备的基础条件，重点说明已经具备的重要和关键的设备、设施条件。

④ 其他相关条件。

4）项目具体的进度与计划安排

包括项目建设总工期，总体形象计划进度安排，总体施工路线与关键路线。

5）结论

可行性研究主要包括项目前景，市场分析，经济、社会、环境效益等内容，应有具体、扼要且明确的研究结论。一般对项目是否可行应有明确的肯定或否定意见。

（3）项目可行性报告的主要作用

就市政工程项目管理而言，一般项目可行性研究报告的作用主要体现在以下几个方面：

1）作为向发展改革部门、行业主管部门申报立项审批的文件内容。

2）用于项目融资贷款、项目对外招商合作的重要文件。

3）用于项目规划设计依据的基础性文件。

4）作为土地房屋征收等的参考依据性文件。

2.4 项目设计阶段管理

设计阶段一般分为两阶段设计和三阶段设计。两阶段设计即初步设计和施工图设计，适用于一般建设项目；三阶段设计即初步设计、扩大初步设计和施工图设计，适用于技术复杂、基础资料缺乏或不足的建设项目、大型综合复杂项目。下面以城市桥梁工程为例，说明初步设计和施工图设计的主要内容。

2.4.1 初步设计（扩大初步设计）

（1）设计说明书

设计单位按照计划任务书的规定进行初步设计和概算的一种说明性文件，对工程项目情况、设计方案、设计意图和需要注意的事项等进行简要说明。主要包含的内容有：①项目地理位置图；②设计依据、工程概况、工程所在地的自然社会条件等的概述；③设计原则、技术标准和主要设计指标等；④桥梁总体设计、桥型方案必选和推荐方案、抗震抗风等级等；⑤安全设施、照明、过桥管线等附属工程；⑥桥梁工程施工方案、施工方法和要求，以及施工方法的经济合理性和技术可行性；⑦新技术、新材料、新设备、新工艺采用及拟立项的科研项目；⑧问题与建议。

（2）工程概算

（略）

（3）设计图纸

设计图纸是设计文件的具体化成果，通过图纸，可以了解项目具体细节，知晓桥梁工程的技术性指标，是从纸上到实体转换的一个重要工具，一般应包含的内容有：①桥位平面图；②桥位工程地质平面图、纵断面图；③桥型布置图；④主要结构构造图（大桥及复杂桥型应绘制预应力混凝土构件钢束图及钢筋混凝土构件配筋断面图）；⑤施工方案及工期安排（大桥及复杂桥型应绘制施工流程示意图）；⑥大桥及复杂桥型还应绘制桥梁结构比较方案图，标示比较范围，内容与桥型布置图相同。

2.4.2　初步设计（扩大初步设计）审查

（1）办理流程

受理→审核→审批→发件。

（2）申报条件

1）已取得规划部门设计方案审查意见书。

2）经专家审查合格的初步设计文件。

（3）申报材料

包括：①规划部门设计方案审查意见书和设计方案图；②初步设计专家评审回复意见；③初步设计审批表；④初步设计图纸和初步设计说明书（包括初步设计工程概算书、初步设计图说明光盘、结构计算书）；⑤设计单位的消防自审意见表，节能自审意见、节能设计专篇的说明书和节能模型光盘；⑥工程地质勘察报告及审查合格书；⑦勘察合同和设计合同，设计人员社保缴费证明及劳动合同；⑧其他规定需要提交的相关材料。

（4）地方探索

杭州市在国家法律法规框架下，积极进行了建设工程项目初步设计审查探索。权力下放后，市级建设项目由市建设主管部门审批，市政项目由市发展改革部门审批，区级项目由各区建设主管审批。市建设主管部门采用初步设计审查会的形式，以会议形式征求各部门意见后，出具初步设计批复。

2.4.3　施工图设计

施工图是施工时工人所依据的图样，包括设计图纸与施工说明（材料使用、施工方法标注）。施工图是表示工程项目总体布局，建筑物、构筑物的外部形状、内部布置、结构构造、材料做法以及设备、施工等要求的图样，具有图纸齐全、表达准确、要求具体的特点，是进行工程施工、编制施工图预算和施工组织设计的依据，也是进行技术管理的重要技术文件。

（1）设计说明书

主要内容有：①设计依据、工程规模及主要工程内容等概述内容；②地质、水文、航运、地震等基础资料；③设计技术标准；④主要设计参数选取（大桥及复杂桥型）；⑤材料、设备及产品采用的技术指标或标准；⑥桥梁结构设计；⑦桥梁耐久性设计（含养护维修设计）；⑧附属构筑物设计；⑨新技术、新材料、新设备、新工艺采用情况；⑩施工方案及注意事项等。

（2）施工图预算

（略）

（3）工程数量和材料用量表

（略）

（4）设计图纸

设计图纸是在初步设计基础上的深化，应准确、全面，能够做到按图施工，包含的主要内容有：①桥位平面图。注明尺寸单位、中线桩号、高程系统、坐标系统等。②桥梁布置图。包括立面图、平面图、横断面图，注明桥梁主要结构控制尺寸（桥梁全长、跨度、桥宽、桥高、基础、墩台、梁等），各主要部位标高（基础底、顶面，墩台顶面，河道位置梁底，设计道路中心线或桥面中心等处），坡度（桥面纵坡、车行道、人行道的横坡），河床断面，水流方向，特征水位，冲刷深度，地质剖面，弯桥、斜桥应标示出桥梁轴线半径、斜交角度；注明尺寸单位、中线桩号、水准基点（必要时）、高程系统、坐标系统、荷载等级、航道标准、地震烈度。③上部结构设计图。包括上部结构的细部尺寸布置，预应力结构钢束布置图、张拉次序、钢束数量表，各部位结构配筋图，钢筋明细表，上部构造预拱度，特殊构件和大样图（钢结构需标明主要焊缝及连接大样图），以及上部构造工程数量汇总表，说明图中未表达的内容、施工要求和注意要点。④下部结构设计图。包括墩柱、桥台及基础的平面、立面布置图，构造尺寸图及配筋图、大样图，并附工程数量表。如为预应力结构时，其设计图要求应同上部预应力结构。⑤附属设施构造图。包括支座、桥面连续构造、伸缩装置、栏杆及防撞护栏、人行道、人行扶梯、声屏障、各种过桥管线布置以及养护维修设施等。

2.4.4　施工图审查

（1）施工图审查的概念

施工图审查是施工图设计文件审查的简称，是指建设主管部门认定的施工图审查机构按照有关法律、法规，对施工图涉及公共利益、公众安全和工程建设强制性标准的内容进行的审查。施工图未经审查合格的，不得使用。

为了加强对房屋建筑工程、市政基础设施工程施工图设计文件审查的管理，根据《建设工程质量管理条例》《建设工程勘察设计管理条例》，住房和城乡建设部修改了《房屋建筑和市政基础设施工程施工图设计文件审查管理办法》，即"住房和城乡建设部令第46号"，自2018年12月29日起施行。

（2）施工图审查的内容

根据"住房和城乡建设部令第46号"，逐步推行以政府购买服务的方式开展施工图设计文件审查。施工图审查机构应审查下列内容：①是否符合工程建设强制性标准；②地基基础和主体结构的安全性；③消防安全性；④人防工程（不含人防指挥工程）防护安全性；⑤是否符合民用建筑节能强制性标准，对执行绿色建筑标准的项目，还应当审查是否符合绿色建筑标准；⑥勘察设计企业和注册执业人员以及相关人员是否按规定在施工图上加盖相应的图章和签字；⑦法律、法规、规章规定必须审查的其他内容。

2020 年 5 月，杭州市城乡建设委员会出台《关于进一步深化杭州市施工图审查制度改革的指导意见（试行）》，从 5 月 18 日起取消部分项目施工图审查，部分项目实行施工图事后审查。

符合条件的低风险小型投资建设项目可以直接"免审"，由建设单位承担主体责任。除了规定的 8 种类别外，部分建设项目可在领取施工许可证后 60 天内再进行图审，既不耽误工期，也能有效执行国家标准。

改革后，低风险小型项目图审环节可节省 10~12 个工作日，事后图审可实现审批与投资同步进行，有效减少项目前期手续办理时间，促进建筑市场投资效益递增。

（3）施工图审查时限

施工图审查原则上不超过下列时限：

1）大型房屋建筑工程、市政基础设施工程为 15 个工作日，中型及以下房屋建筑工程、市政基础设施工程为 10 个工作日。

2）工程勘察文件，甲级项目为 7 个工作日，乙级及以下项目为 5 个工作日。

（4）施工图审查结果

审查机构对施工图进行审查后，应当根据下列情况分别作出处理：

1）审查合格的，审查机构应当向建设单位出具审查合格书，并在全套施工图上加盖审查专用章。审查合格书应由各专业的审查人员签字，经法定代表人签发，并加盖审查机构公章。审查机构应当在出具审查合格书后 5 个工作日内，将审查情况报工程所在地县级以上地方人民政府住房城乡建设主管部门备案。

2）审查不合格的，审查机构应当将施工图退建设单位并出具审查意见告知书，说明不合格原因。同时，应当将审查意见告知书及审查中发现的建设单位、勘察设计企业和注册执业人员违反法律、法规和工程建设强制性标准的问题，报工程所在地县级以上地方人民政府住房城乡建设主管部门。

施工图退建设单位后，建设单位应当要求原勘察设计企业进行修改，并将修改后的施工图送原审查机构复审。

（5）建设工程消防设计文件审查

目前杭州市建设工程消防设计需设计部门编制消防专篇，经专业图审单位审查合格后，报杭州市建设主管部门审查，出具审查意见。消防单独审查是办理施工许可证的前置条件。

综上所述，市政工程设计流程如图 2.4 所示。

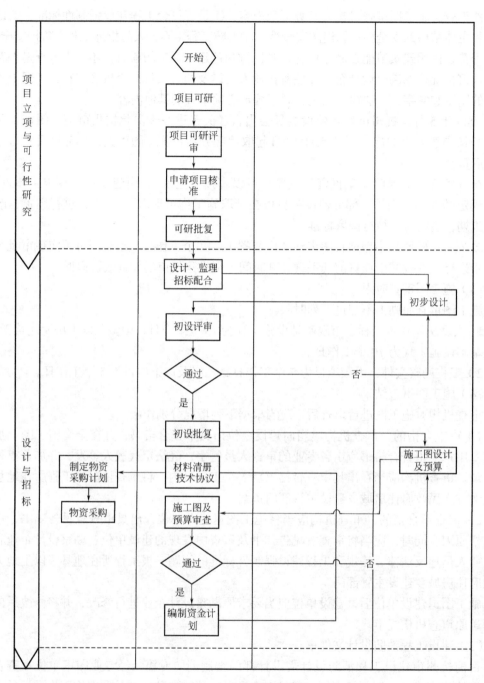

图 2.4   市政工程设计流程

2.5   项目建设准备阶段管理

市政工程项目建设准备工作，主要包括申报项目开工许可、施工场地准备、施工队伍准备等，为项目建设的开工和全面推进准备好必要条件，对于项目建设的安全、造价、质量、进度控制和管理具有十分重要的意义。例如，建设场地的及时获取和具备开工条件，对于保障工程进度意义重大；施工队伍的情况、素质和经验等直接影响到安全、成本、质量、进度等多方面工程管理的关键问题。

2.5.1　"四证一书"

"四证一书"是建设项目的准生证，是项目合法实施的标志。"四证"即《国有土地使用证》《建设用地规划许可证》《建设工程规划许可证》《建设工程施工许可证》；"一书"即《建设项目选址意见书》。

《建设用地规划许可证》是建设单位在向城乡规划主管部门申请征用、划拨土地前，经城乡规划主管部门确认建设项目位置和范围符合城乡规划的法定凭证，是建设单位用地的法律凭证，没有此证的用地属非法用地。

《建设工程规划许可证》是城市规划主管部门依法核发的，确认有关建设工程符合城市规划要求的法律凭证，是建设活动中接受监督检查时的法定依据。没有此证的建设单位，其工程项目属违规建设。

《建设项目选址意见书》是城乡规划主管部门按照国家法律规定，对以划拨（或出让）方式提供国有建设用地使用权的建设项目，在报送有关部门批准或者核准前，向建设单位核发的同意选址证明文件。《建设项目选址意见书》的主要内容应包括：建设项目的基本情况和建设项目规划的主要依据。《建设项目选址意见书》按建设项目计划审批权限实行分级规划管理。

2018 年 5 月，国务院办公厅下发了《关于开展工程建设项目审批制度改革试点的通知》（国办发〔2018〕33 号），在包括浙江省在内的 16 省市开展工程建设项目审批制度改革试点，统一审批流程，精简审批环节，完善审批体系，推行告知承诺制改革。

2017 年，杭州市发布了《杭州市建设工程规划许可告知承诺制实施办法》（杭审改办〔2017〕16 号），探索建设工程项目告知承诺制改革，并公布了首批《建设工程告知承诺许可项目名录》（以下简称《名录》），制定了《告知书》和《承诺书》。列入《名录》的建设项目，建设工程规划许可证的办理时限由 13 个工作日缩减至 3 个工作日。

告知承诺制是杭州市规划局积极探索审批制度改革的重要创新举措之一，对列入《名录》的建设项目，建设单位在市政工程设计方案审定后，申请建设工程规划许可时，规划部门以《告知书》形式事先告知申报要求，建设单位及设计单位以书面形式签订《承诺书》，对申报材料（含设计方案）的准确性、真实性和符合相关技术规范、标准、政策作出承诺，承诺其遵守告知事项要求，并承担相应的法律责任。建设单位提交申请材料齐全后，由规划部门在承诺时限内作出许可，并对建设单位的承诺内容是否属实组织事后抽查。

2.5.2　项目招标与投标

市政工程项目招投标是指建设单位对拟建的工程项目通过法定程序和方式吸引施工单位来参加竞争，从中选择条件优越者来承担工程建设任务的法律行为。

（1）实施程序

1）编制招标方案

招标方案是招标人为了规范、有序地实施招标工作，通过分析和掌握招标项目的技术特点、经济特性、管理特征以及招标项目的功能、规模、质量、价格、进度、服务等需求目标，依据有关法律政策及技术标准，科学合理地设定、安排项目招标实施的条件、范围、目标、方式、计划、措施等方面的工作方案。其主要工作一般包括：确定招标范围、招标方式、招标组织形式；划分合同标段，选择合同类型，确定投标人资格条件；安排招标工作目标、顺序和计划，分解招标工作任务；落实需要的资源、技术与管理条件等。

按照国家有关规定，需要履行项目审批、核准手续且依法必须进行招标的项目，其招标范围、招标方式、招标组织形式应当报项目审批、核准部门审批、核准。项目审批、核准部门应当及时将审批、核准确定的招标范围、招标方式、招标组织形式通报有关行政监督部门。

2）发布招标公告

公开招标的项目，应当依照《招标投标法》和《招标投标法实施条例》的规定发布招标公告。招标人采用资格预审办法对潜在投标人进行资格审查的，应当发布资格预审公告。招标公告发布时间应与投标报名资格预审文件（或招标文件）的发售时间一致，同时进行，且不少于5日。

招标公告应当载明招标人的名称和地址，招标项目的性质、数量、实施地点和时间，履约的保证金的数额、缴纳和退还方式，以及获取招标文件的办法等事项，并明确招标项目所有资格审查条件、资格审查的标准和方法以及评标的标准和方法。招标人发布公告，应当将公告提交招投标监管机构备案。招标人在发布招标公告后无正当理由不得终止招标。需要调整招标公告中的资格审查条件、资格审查的标准和方法、评标的标准和方法或者其他实质性条件的，应当重新发布公告。

依法必须进行招标的项目，其资格预审公告和招标公告应当在国务院发展改革部门依法指定的媒介发布，且在不同媒介发布的同一招标项目的资格预审公告或者招标公告的内容应当一致。

3）资格审查

资格审查分为资格预审和资格后审。

资格预审是指在投标前对资格预审申请人进行的资格审查。资格预审程序一般包括：编制资格预审文件；发布资格预审公告；获取资格预审文件；编制和递交资格预审申请文件；对资格预审申请文件进行评审；编写资格评审报告；向资格预审合格的申请人发出资格预审合格通知书，并同时向资格预审不合格的申请人书面告知资格预审结果。

资格后审是指在开标后对投标人进行的资格审查。资格后审程序一般包括：编制招标文件；发布招标公告；发售招标文件；编制和递交投标文件；对投标人的资格进行审查。

4）投标

投标人应严格依据招标文件要求的格式和内容，编制、签署、装订、密封、标识投标文件，并按照规定的时间、地点、方式递交投标文件，提供相应方式和金额的投标保证金。投标人在提交投标截止时间之前，可以撤回、补充或者修改已提交的投标文件。投标人撤回已提交的文件，应当在投标截止时间前书面通知招标人，招标人已收取投标保证金的，应自收到投标人书面撤回通知之日起5日内退还。投标截止后投标人撤销投标文件的，招标人可以不退还投标保证金。

（2）开标、评标和中标

1）评标委员会组建

开标前应依法组建评标委员会，评标委员会应由招标人的代表和有关技术、经济等方面的专家组成，成员人数为 5 人以上单数，其中技术、经济等方面的专家不得少于成员总数的三分之二。国有资金项目施工评标需要对施工组织设计进行评分的，评标委员会人数应为不少于 7 人的单数，其中，评审经济标的专家不得少于 2 人，评审技术标的专家不少于 5 人。国有资金项目的招标人只能委托 1 名代表参与评标，该代表必须取得工程类相关专业中级及以上职称并具有工程建设类执业资格。招标代理机构的人员不得担任其所代理招标的工程项目的评标委员会成员。

依法必须进行招标的项目，其评标委员会的专家成员应当从评标专家库内相关专业的专家名单中以随机抽取方式确定，技术复杂、专业性强或者国家有特殊要求，采取随机抽取方式确定的专家难以保证胜任评标工作的特殊招标项目，可以由招标人直接确定。

2）开标

招标人应当按照招标文件确定的时间、地点开标，投标人少于 3 个的，不得开标，招标人应当重新招标。开标会议上，应当众公布投标人及其拟派项目负责人名称、投标保证金的递交情况、投标总价等内容；工程项目施工招标的，还应当公布质量目标、工期等内容。

开标一般有以下步骤：

① 宣布开标人、唱标人、记录人等有关人员，并宣布开标纪律。

② 招标人根据招标文件的约定，在开标前依次验证投标人代表的被授权身份。

③ 投标人代表检查、确认投标文件的密封情况，也可以由招标人委托的公证机构检查确认并公证。

④ 公布投标截止时间前递交投标文件的投标人、投标标段、递交时间，并依据招标文件规定，宣布开标次序，公布标底。

⑤ 开标人依开标次序，当众拆封投标文件，并由唱标人公布投标人名称、投标标段、投标保证金的递交情况、投标总限价等主要内容，投标人代表确认开标结果。

⑥ 投标人代表、招标人代表等有关人员在开标记录上签字确认。

3）评标

评标由招标人依法组建的评标委员会负责，评标委员会成员应当按照投标文件规定的评标标准和方法，客观、公正地对投标文件提出评审意见，招标文件没有规定的评标标准和方法不得作为评标的依据。评标的基本步骤如下：

① 初步评审。对投标资格及投标文件的形式和响应性进行初步评审。

② 详细评审。对初步评审合格的投标文件进行技术、经济、商务标的进一步分析对比和评价。

③ 澄清、说明和补正。评标过程中，评标委员会可在必要时以书面方式要求投标人对投标文件中的疑问进行澄清、说明和补正。

④ 评标报告编写。评标完成后，评标委员会应当向招标人提交书面评标报告和中标候选人名单。中标候选人应当不超过 3 个，并标明排序。评标报告应当由评标委员会全体成员签字。对评标结果有不同意见的评标委员会成员应当以书面形式说明其不同意见和理

由，评标报告应当注明该不同意见。评标委员会成员拒绝在评标报告上签字又不书面说明其不同意见和理由的，视为同意评标结果。

4）中标人公示及中标通知书发出

招标人在收到评标报告之日起3日内，应当在市政工程交易中心以及招标公告发布媒介上公示中标候选人情况、评标结果及拟定中标人名称，公示期不得少于3日。投标人或者其他利害关系人对评标结果有异议的，应当在中标候选人公示期间以实名书面方式向招标人提出。因招投标当事人质疑、投诉、复议等原因，改变拟中标人的，应当重新公示拟中标人，公示期不得少于3日。评标委员会提出书面评标报告后，且投标人或者其他利害关系人在中标候选人、评标结果及拟定中标人公示期间无异议的，招标人一般应当在15日内确定中标人，但最迟应当在投标有效期前确定。中标人确定后，招标人应当将中标人名称、中标价和项目负责人在招标公告发布媒介上予以公告，并发出中标通知书（公告时间与中标通知书签发时间应当一致），且同时将中标结果通知所有未中标的投标人。自发出中标通知书之日起15日内，招标人应当向招投标监管机构提交招标投标情况的书面报告。

5）合同订立、备案及履行

招标人和中标人应当在投标有效期内并在自中标通知书发出之日起30日内签订书面合同。合同的标的、价款、质量、履行期限等主要条款应当与招标文件和中标人的投标文件的内容一致，招标人和中标人不得再行订立背离合同实质性内容的其他协议。此阶段工作步骤如下：

① 中标人按招标文件要求向招标人提交履约保证金。

② 双方签订合同协议书，并按照法律、法规规定向有关行政监督部门备案、核准或登记。

③ 招标人退还投标保证金，投标人退还招标文件约定的设计图纸等资料。

2.5.3 施工许可证办理

《建筑工程施工许可管理办法》（住房和城乡建设部令第18号）第2条规定："在中华人民共和国境内从事各类房屋建筑及其附属设施的建造、装修装饰和与其配套的线路、管道、设备的安装，以及城镇市政基础设施工程的施工，建设单位在开工前应当依照本办法的规定，向工程所在地的县级以上地方人民政府住房和城乡建设主管部门申请领取施工许可证。"

办理施工许可证需具备的必要条件见表2.1。

施工许可证办理必要条件   表2.1

材料名称	材料形式	必要性及描述
建筑工程施工许可证申请表	系统自动获取，如数据不全则需申请者提交	必要
《国有建设用地划拨决定书》《不动产权证书》《建设用地批准书》或土地证	系统自动获取，无需申请者提交	必要

材料名称	材料形式	必要性及描述
建设工程规划许可证明文件或城乡规划主管部门批准的临时性建筑证明文件（新建、扩建工程），或所在建筑的建筑合法性证明文件（改建工程）	系统自动获取，无需申请者提交	非必要，在新建工程，房建工程改、扩建（包括外立面改动），市政工程改建（除面层更新外）时需要提供
施工图审查报告（包括消防审查合格书、人防审查合格书）及加盖审图章的全套工程施工图设计文件（未实行电子化图审的，需提供消防设计文件）	系统自动获取，无需申请者提交	必要
中标通知书或直接发包批准手续，施工合同	系统自动获取，如数据不全则需申请者提交	必要

2.6　施工阶段管理

从开工开始，项目工程进入施工阶段。施工阶段的项目工程管理由于存在着不同的参与方，管理工作和内容相对复杂，所以有建设单位的项目管理、设计方的项目管理、施工单位的项目管理、供货方的项目管理等。

建设单位项目管理工作涉及项目实施阶段的全过程，在项目工程施工阶段的管理主要是投资控制、进度控制、质量控制、安全管理、合同管理、信息管理和组织与协调工作。

投资控制是指通过方案比选和风险控制，使工程项目投资位于合理区间内，最大化地发挥资金价值。

进度控制是指项目实施阶段（包括设计准备、设计、施工、施工前准备各阶段）的进度控制。控制的目的是通过采用控制措施，确保项目交付使用时间目标的实现。

质量控制是指督促参加施工的承包商按合同标准进行建设，并委托专业单位对质量的诸多因素进行检测、核验，对差异提出调整、纠正措施的监督管理过程。

安全生产是经济社会发展的基础，也是劳动者的基本需求。安全管理就是落实工程项目实施中的各项安全管理制度，消除安全生产隐患，减少乃至杜绝安全生产事故，保障参与其中的项目人员安全。

在市政工程项目的实施过程中，会涉及很多合同，如设计合同、咨询合同、施工合同、采购合同等。合同管理，不仅包括对每个合同的签订、履行、变更和解除等过程的控制和管理，还包括对所有合同进行筹划的过程。

信息管理是指在项目实施过程中，收集不同渠道的各类信息，有效地对项目信息进行组织和控制，为项目实施决策提供依据，实现项目增值。

组织与协调是指在项目实施过程中，通过一系列协调机制，以及项目内外各方良好沟通，充分调动项目参与方的积极性，实现项目的预期目标。

市政工程施工阶段管理流程如图 2.5 所示。

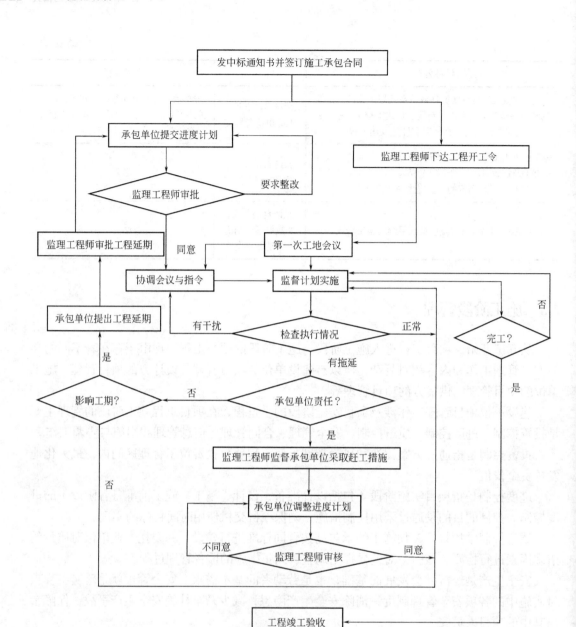

图 2.5　市政工程施工阶段管理流程

2.7　验收移交阶段

2.7.1　工程竣工验收

工程竣工验收是指市政工程依照国家有关法律、法规及工程建设、标准的规定完成工程设计文件要求和合同约定的各项内容，建设单位已取得政府有关主管部门（或其委托机构）出具的工程施工质量、消防、规划、环保、城建等验收文件或准许使用文件后，组织工程竣工验收并编制完成《市政工程竣工验收报告》。

工程项目的竣工验收是施工全过程的最后一道程序，也是工程项目管理的最后一项工作。它是建设投资成果转入使用或生产的标志，也是全面考核投资效益，检验设计和施工质量的重要环节。

2013 年 12 月，住房和城乡建设部印发了《房屋建筑和市政基础设施工程竣工验收规定》（建质〔2013〕171 号），对市政工程项目的竣工验收进行了规定。

（1）竣工验收条件

工程符合下列要求方可进行竣工验收：

1）完成工程设计和合同约定的各项内容。

2）施工单位在工程完工后对工程质量进行了检查，确认工程质量符合有关法律、法规和工程建设强制性标准的要求，符合设计文件及合同要求，并提出工程竣工报告。工程竣工报告应经项目经理和施工单位有关负责人审核签字、加盖公章。

3）对于委托监理的工程项目，监理单位对工程进行了质量评估，具有完整的监理资料，并提出工程质量评估报告。工程质量评估报告应经总监理工程师和监理单位有关负责人审核签字、加盖公章。

4）勘察、设计单位对勘察、设计文件及施工过程中由设计单位签署的设计变更通知书进行了检查，并提出质量检查报告。质量检查报告应经该项目勘察、设计负责人和勘察、设计单位有关负责人审核签字、加盖公章。

5）有完整的技术档案和施工管理资料。

6）有工程使用的主要市政材料、市政构配件和设备的进场试验报告，以及工程质量检测和功能性试验资料。

7）建设单位已按合同约定支付工程款。

8）有施工单位签署的工程质量保修书。

9）建设主管部门及工程质量监督机构责令整改的问题全部整改完毕。

10）法律、法规规定的其他条件。

（2）竣工验收程序

工程竣工验收应当按以下程序进行：

1）工程完工后，施工单位向建设单位提交工程竣工报告，申请工程竣工验收。实行监理的工程，工程竣工报告须经总监理工程师签署意见。

2）建设单位收到工程竣工报告后，对符合竣工验收要求的工程，组织勘察、设计、施工、监理等单位组成验收组，制定验收方案。对于重大工程和技术复杂工程，根据需要可邀请有关专家参加验收组。

3）建设单位应当在工程竣工验收 7 个工作日前将验收的时间、地点及验收组名单书面通知负责监督该工程的工程质量监督机构。

4）建设单位组织工程竣工验收，具体流程为：

①建设、勘察、设计、施工、监理单位分别汇报工程合同履约情况和在工程建设各个环节执行法律、法规和工程建设强制性标准的情况；

②审阅建设、勘察、设计、施工、监理单位的工程档案资料；

③实地查验工程质量；

④ 对工程勘察、设计、施工、设备安装质量和各管理环节等方面作出全面评价，形成经验收组人员签署的工程竣工验收意见。

参与工程竣工验收的建设、勘察、设计、施工、监理等各方不能形成一致意见时，应当协商提出解决的方法，待意见一致后，重新组织工程竣工验收。

（3）竣工决算

工程竣工决算是指在工程竣工验收交付使用阶段，由建设单位编制的建设项目从筹建到竣工验收、交付使用全过程中实际支付的全部建设费用。竣工决算是整个市政工程的最终价格，是建设单位财务部门汇总固定资产的主要依据。

（4）竣工图

竣工图是在施工过程中，由施工单位按照实际施工情况绘制的图纸。由于施工过程中存在设计变更、工程量增减等原因，项目的实际竣工状况会与施工图纸有所差异和变化。为了让建设单位或使用者能比较清晰地了解项目的实际情况和各种设备、设施的实际安装和连接情况，在工程竣工验收之后，施工单位必须提交竣工图。

（5）竣工验收备案

市政工程竣工验收备案是指建设单位在市政工程竣工验收后，将市政工程竣工验收报告和规划、公安消防、环保等部门出具的认可文件或者准许使用文件报建设行政主管部门审核的行为。《房屋建筑和市政基础设施工程竣工验收规定》（建质〔2013〕171号）明确，建设单位应当自工程竣工验收合格之日起15日内，向工程所在地的县级以上地方人民政府建设主管部门备案。

2.7.2　工程验收移交

市政工程项目作为政府投资性项目，竣工验收后，作为政府性资产应及时移交市政设施管养部门，由其统一进行管养，发挥市政设施的服务功能。

（1）移交申请

建设单位应当在办理市政工程竣工验收备案后15个工作日内，向住房和城乡建设行政主管部门提交市政设施移交申请。

移交申请书一般包括下列内容：

1）工程名称、立项编号；

2）工程概算；

3）建设、施工、监理、设计单位名称；

4）开工、完工日期；

5）申请移交设施的内容及数量。

市政工程分标段施工的，应当整体移交。建设单位应当在最后标段工程竣工验收后，按照规定申请移交。

由多种设施组成的雨水管网、引水管网、流域性泵站及地下通道等系统性综合性设施，经视频检测并试运行运转正常后、满足使用功能的，方可申请移交。

绿化工程养护1年后办理移交。

（2）移交条件

申请移交市政工程，应当符合下列条件：

1）符合相关设施专业规划和设计规范要求，手续齐备；

2）工程完工且满足使用安全和功能要求；

3）订立质量保修合同；

4）工程图纸资料完整，并经竣工验收备案；

5）设计配套附属设施符合设置标准，且齐全完备；

6）采用新技术、新材料的市政设施，提供养护作业指导资料；

7）依法应当满足的其他条件。

2.7.3 工程移交

（1）工程界定

根据《杭州市市政设施管理条例》第 11 条的规定，市政设施建设单位在项目开工前，应当到市政设施行政主管部门办理接收管理界定、登记手续。政府投资和社会捐资建设的市政设施，由市政设施行政主管部门接收管理；其他社会投资建设的市政设施，由产权单位自行养护、管理，并接受市政设施行政主管部门的监督。

根据《杭州市城市河道建设和管理条例》第 25 条的规定，城市河道建设工程开工前，建设单位应当到市城市管理行政主管部门办理接收管理界定、登记手续，并提交整治建设、设施保护和相应的防汛防台应急方案。

（2）移交程序

建设单位应当在办理市政工程竣工验收备案后 15 个工作日内，向住房和城乡建设行政主管部门（城市管理部门）申请移交。

建设单位应当在收到市政设施移交受理通知书 5 个工作日内持通知书向养护管理行政主管部门提交市政设施基础资料。

住房和城乡建设行政主管部门自出具移交受理通知书 15 个工作日内，组织养护管理行政主管部门、财政部门、建设单位、养护单位进行移交验收。

现场核查发现问题的，由有资质的质量监督机构确认，出具整改意见书，标明整改期限。

建设单位应当在整改期限内完成整改，整改完成后书面通知住房和城乡建设行政主管部门以及相关单位。

住房和城乡建设行政主管部门应当督促建设单位限期完成整改，并在接到整改完成通知后 5 个工作日内，组织有关部门和单位确认。

市政设施现场核查无问题或者已经整改确认的，养护单位应当接收。养护单位与建设单位签订市政设施移交文件；住房和城乡建设、养护管理、财政部门在移交文件上签字确认。

（3）移交资料

移交的市政设施基础资料包括：设施名称、位置、设计标准、结构、数量（长度、面积）、管道内影像检测资料、附属设施等相关技术参数和材料；绿化苗木的品种、规格、数量、面积；开工和完工日期、竣工验收档案资料等。

2.7.4 工程质量回访

工程移交后则管理责任进行了相应的转移，工程投入使用，一年使用期间若存在质量问题，仍由原建设单位负责处理。

2.8 市政工程投资控制

2.8.1 投资控制原则

为避免工程超出估（概）算，加强市政工程投资控制管理，合理有效控制工程造价，提高资金使用效益，需要对工程进行投资控制。投资控制的原则有：

（1）合同控制原则。以合同为投资控制基础，充分运用设计管理、招标管理、采购管理、现场管理等，确保投资管理的实施。

（2）事先预控原则。认真做好项目投资控制的事前分析工作，对可能影响项目投资的自然因素、社会因素进行研究，发现问题在事前及时解决；不能及时解决的，认真准备解决方案，一旦问题出现，及时实施，以降低各种因素对投资控制的影响，达到投资目标的控制效果。同时，督促并检查监理单位、施工单位实施事前主动控制工作情况。

（3）动态控制原则。投资控制在动态实施过程中确立计划、投入、检查、分析、调整等环节，找出偏差的原因，并根据分析的结论调整项目控制目标，如此周而复始，形成动态控制。

为了有效地控制投资，要实行全过程、全方位的投资管理。根据不同的工作阶段，按项目设计阶段、招标阶段、施工阶段及决算阶段四个阶段进行投资控制。分述如下。

2.8.2 设计阶段投资控制

技术前期阶段包括项目建议书的编制、可行性研究、方案设计、初步设计和施工图设计等内容。根据建设项目投资控制理论和实际工程经验，在初步设计阶段，影响项目投资的可能性为75%~95%；在施工图设计阶段，影响项目投资的可能性则为5%~35%。因此设计阶段是决定和影响工程造价的重要因素。

同时，根据实际情况，在施工图设计时针对初步设计中的有关问题和建议作进一步优化，以节省投资额。加强设计阶段的投资控制，保证施工图设计的准确性和深入完整性，避免在施工过程中过多地修改设计，造成大量变更，导致实际费用突破概算。要求设计人员按照批准的初步设计总概算控制施工图设计，保证总投资限额不被突破。

在初步设计阶段，组织有关专业技术人员根据批准的可行性研究报告对初步设计文件进行初审。对项目的规模、工艺方案、结构、面积、标准、技术参数、施工组织及设计概算等设计内容的完整性、合理性、经济性以及是否需要设计人进一步优化等，提出初审意见。初步设计应做到"方案优、内容全、可实施、投资省"。

施工图设计时，应在仔细分析初步设计中的有关问题和建议的基础上作进一步优化和完善，以节省投资额。以初步设计批复为依据，在踏勘现场的基础上结合项目实施的可行性，在委托施工图设计时提出具体要求并在施工图中予以体现。加强施工图设计阶段的投资控制，确保施工图预算在本工程的批准概算范围内。设计人员应按照批准的初步设计概算，控制施工图设计。加强设计审核力度，实行施工图审查，重点审查图纸的经济性、合理性等方面；审查设计成果是否满足规定的功能要求和价值标准，及时发现设计方面的问题，将较大的设计变更控制在施工之前，以减少浪费和项目投资的突破。做好现场的预先踏勘，考虑材料的可采购性。

2.8.3　招标阶段投资控制

对本工程的所有施工、监理，应通过公开招标确定中标单位，以充分发挥市场竞争的作用，合理降低工程造价。招标文件内容应齐全、明了；采用工程量清单投标报价，工程量清单编制尽可能做到既全又准；选择适当的合同计价方式；采用合理的评标办法。

应根据项目建设计划及总体安排，对招标范围提出具体说明，不存在模棱两可、重复招标和漏招的现象。招标文件是施工单位投标报价的依据，是双方签订合同的依据，也是竣工结算处理索赔的依据。招标文件中条款的设置应做到严密而准确，每项都要详细地写明，以免引起不必要的纠纷及争议，避免索赔事件的发生。特别是针对项目部临时用地、工程管理范围、建筑垃圾土方外运、数字城管投诉处理、交通组织等进行详细说明，避免出现漏洞和后期失管。

工程量清单是以后进行决算的基础，其单价是根据施工单位的企业定额并参与竞争得出的，充分反映该企业的技术和价格优势。工程量清单要提出具体的使用说明、报价依据、报价范围、工程量清单编制和完善的要求、有关费用的说明、定额的选择、工程量计算特别说明、建设单位供应设备及材料价格等。在工程（设备）招标中要坚持依法合规、诚实守信、风险分担的原则，在招标文件中明确招投标双方对投资控制的责任和义务，按照《合同法》和招投标合同条款签署工程承包合同。项目建设过程中，各部门应强化合同管理，严格变更设计，以项目执行预算和合同为依据验工计价，严格管理建设资金的拨付和使用。

2.8.4　施工阶段投资控制

施工阶段是将设计成果转化为实际产品阶段，在这个阶段，主要从组织、技术、经济、合同等多方面采取措施，严格控制工程结算价格，包括：编制投资计划、实行工程施工监理制度、继续推行现场签证单会签制度；做好已完工程的计量工作，审核工程进度报表，根据相关计价依据，计算工程进度款，并依合同相应条款，签发付款证书；审核施工组织设计，加强对施工方案的技术经济比较，严格控制工程变更与现场签证；加强合同的跟踪管理，严格工程款拨付程序。

对签证事项进行审核时，严格审查签证事项发生的内容、原因、范围及价格，明确费用发生的承担方，如果该签证事项的发生是由于施工方的原因造成的或已包含在合同价款中，应予注明；如果该签证事项的发生是由于建设单位原因造成的，还应对拟采取的技术措施进行技术经济比较，方可通过。规范现场签证，详细说明签证事项产生的原因、时间、处理的办法等内容，必要时配以简图和文字说明，减少工程结算时的扯皮现象。

涉及因前期拆迁、管线迁移等非施工方原因引起的费用增加，施工单位必须在工程实施过程中保留反映现场实际情况的真实资料，例如照片等，并及时以联系单形式反映影响工程进度的原因，监理应根据实际情况及时给予签证并报建设单位认可，作为结算依据。若无上述资料，结算中将不予计算。

加强合同的跟踪管理，做好工程管理日记记录和日常的文件资料积累工作，根据合同正确处理索赔。由于施工阶段，双方对合同条款理解上的差异，加上施工环境因素的变化，合同纠纷经常出现，各种索赔事件不可避免。在承包商提出索赔时，应认真分析索赔方案是否合理、合法，计算是否正确，依据是否齐全，妥善处理索赔事项，并能根据相关合同条款，对承包商进行反索赔，积极利用合同，达到有效控制项目投资的目的。

2.8.5　结算阶段

工程完工后及时组织竣工验收，并督促施工单位在通过竣工验收后1个月内完成资料的整理与结算的上报。上报资料必须经现场监理工程师和现场工程师对其工程量，尤其是联系单部分进行反复审核，根据合同文件和有关工程结算原则进行复核，提出审核意见并调整结算。必要时，委托咨询单位参与竣工结算工作，加强审核力度。将审核完毕的结算上报审计，并作为最终工程造价与施工单位办理结算手续。

采用工程量清单招标、固定单价合同的工程，结算时工程量需按实调整，竣工图是直接的计算依据，为此必须保证竣工图的真实性、完整性。要求施工单位如实绘制竣工图，监理单位审核后，最终以建设单位审核竣工图并签字为准。

为防止施工单位在工程结算时出现"高估冒领"现象，在签订合同或递交竣工决算（以补充合同形式）时，必须增加如下内容：若工程结算造价经市财政（或审计部门）审核后，核减率超过10%的，则超过10%部分的工程结算审查费用由施工单位承担，从应付工程款中扣减。

2.9　市政工程参建各方关系和主要职责

20世纪90年代以来，工程建设全面推行项目法人制、招标投标制和建设监理制以及合同管理制这四项基本制度。通过四项制度的实施，建立起了建设、设计、施工、监理四方分工协作、相互制约的新的基本建设项目管理体制。

2.9.1　参建各方关系

建设单位是工程项目建设的组织者和实施者，负有建设中征地、移民、补偿及协调各方关系，合理组织各类建设资源，实现建设目标等职责，就项目建设向国家、项目主管部门负责。建设单位与设计、施工及监理单位均为委托合同关系；设计单位与施工、监理单位均为工作关系。如图2.6所示。

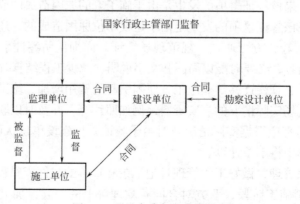

图 2.6　项目参建各方关系示意

一般情况下，监理单位与建设单位是委托合同关系，监理单位应是建设单位唯一的现场施工管理者，建设单位的决策和意见应通过监理单位贯彻执行。在建设单位委托监理单位进行设计监理时，监理单位与设计单位之间的关系是监理与被监理的关系；在没有委托设计监理时，是分工合作的关系。

监理单位与施工单位是监督与被监督的关系。监理单位与施工单位之间不得签订任何合同或协议，二者的关系是通过施工合同确立的，合同中明确授权了监理单位监督管理的权利。监理单位依照国家、部门颁发的有关法律、法规、技术标准及批准的建设计划、施工合同等进行监理。施工单位在施工合同过程中，必须自觉接受监理单位的监督、检查和管理，并为监理工作的开展提供合作与方便，按规定提供完整的技术资料。施工单位应按照施工合同和监理工程师的要求进行施工。

2.9.2　参建各方主要职责

根据《建筑法》《建设工程质量管理条例》《建设工程安全生产管理条例》《浙江省建设工程勘察设计管理条例》《浙江省建设工程监理管理条例》《建筑工程五方责任主体项目负责人质量终身责任追究暂行办法》等的规定，建设单位、勘察单位、设计单位、施工单位、工程监理单位作为市政工程项目参建主体，依法对市政工程质量负责。

建设单位主要职责是按项目建设的规模、标准及工期要求，实行项目建设的全过程的宏观控制与管理。负责办理工程开工有关手续，组织工程勘测设计，组织招标投标，开展施工过程的节点控制，组织工程竣工验收等，协调参建各方关系，解决工程建设中的有关问题，为工程施工建设创造良好的外部环境。

勘察设计单位是受建设单位的委托，负责工程初步设计和施工图设计，向建设单位提供设计文件、图纸和其他资料，派驻设计代表参与工程项目的建设，进行设计交底和图纸会审，及时签发工程变更通知单，做好设计服务，参与工程验收等。

监理单位受建设单位的委托，依据国家有关工程建设的法律、法规、批准的项目建设文件、施工合同及监理合同，对工程建设实行现场管理。其主要职责是进行工程建设合同管理，按照合同控制工程建设的投资、工期、质量和安全，协调参建各方的内部工作关系。在监理过程中，监理单位应及时按照合同和有关规定处理设计变更，设计单位的有关通知、图纸、文件等须通过监理单位下发到施工单位。施工单位需要修改设计时，也必须通过监理单位、建设单位向设计单位提出设计变更或修改。

施工单位主要职责是通过投标获得施工任务，依据国家和行业标准、规定、设计文件和施工合同，编制施工方案，组织相应的管理、技术、施工人员及施工机械进行施工，按合同规定工期、质量要求完成施工内容。施工过程中，负责工程进度、质量、安全的自控工作，工程竣工验收合格后，向建设单位移交工程及全套施工资料。

第3章 市政工程质量控制

3.1 市政工程质量控制概述

3.1.1 市政工程质量及其控制

（1）市政工程质量

1）市政工程质量概念

市政工程质量是指在国家现行的有关法律、法规、技术标准、设计文件和合同中，对工程的安全、适用、经济、环保、美观等特性的综合要求。组成一个建设项目的全部工程项目质量因素总和就是市政工程质量。

2）市政工程质量特点

与一般的产品质量相比较，市政工程质量具有如下一些特点：

① 影响因素多。体现在市政工程项目从筹建开始，设计、材料、机械、环境、施工工艺、管理制度以及参建人员素质等均直接或间接地影响市政工程质量。

② 隐蔽性强，终检局限性大。体现在市政工程存在的质量问题，一般事后表面上看质量很好，但这时可能混凝土已经失去了强度，钢筋已经被锈蚀得完全失去了作用，诸如此类的市政工程质量问题在工程终检时是很难通过肉眼判断出来的，有时即使使用了检测仪器和工具，由于检验量大，容易漏检，也不一定能准确地发现问题。

③ 对社会环境影响大。体现在与市政工程规划、设计、施工质量的好坏有密切联系的不仅仅是市政的使用者，而是整个社会。市政工程质量直接影响人民群众的生产生活，而且影响着社会可持续发展的环境，特别是绿化、环保和噪声等方面的问题。因此，市政工程的质量控制问题就成为市政工程管理中的重要问题。

（2）影响市政工程质量的主要因素

在建设单位建设资金充足的情况下，影响市政工程质量的因素归纳起来主要有五个方面，即人（Man）、材料（Material）、机械（Machine）、方法（Method）和环境（Environment），简称为4M1E因素。

1）人员因素

人是生产经营活动的主体，人员的素质将直接或间接地对规划、决策、勘察、设计和施工的质量产生影响，而规划是否合理，决策是否正确，设计是否符合所需要的质量功能，施工能否满足合同、规范、技术标准的需要等，都将对市政工程质量产生不同程度的影响。所以，人员素质是影响工程质量的一个重要因素。

2）工程材料

工程材料泛指构成工程实体的各类市政材料、构配件、半成品等，是工程建设的物质条件。工程材料选用是否合理、产品是否合格、材质是否经过检验、保管使用是否得当等，都将直接影响工程质量。

3）机械设备

机械设备可分为两类：一是指组成工程实体及配套的工艺设备和各类机具，如隧道通风设备；二是指施工过程中使用的各类机具设备，如各类测量仪器和计量器具等，简称施工机具设备。工程用机具设备产品的质量优劣将直接影响工程使用功能质量。

4）工艺方法

工艺方法是指施工现场采用的施工方案，包括技术方案和组织方案。前者如施工工艺和作业方法，后者如施工区段空间划分及施工流向顺序、劳动组织等。在工程施工中，施工方案是否合理，施工工艺是否先进，施工操作是否正确，都将对工程质量产生重大的影响。大力推进采用新技术、新工艺、新方法，不断提高工艺技术水平，是保证工程质量的重要因素。

5）环境条件

环境条件是指对工程质量特性起重要作用的环境因素，包括：工程技术环境，如工程地质、水文、气象等；工程作业环境，如施工环境作业面大小、防护等；工程管理环境，主要指工程实施的合同结构与管理关系的确定等；周边环境，如工程邻近的地下管线、建（构）筑物等。环境条件往往对工程质量产生特定的影响。

（3）市政工程质量控制

市政工程质量控制是指坚持质量第一、预防为主、质量标准、以人为核心和严肃认真的工作态度等原则，致力于满足建设单位需要，符合国家法律、法规、技术标准、设计文件及合同规定的要求，建立市政工程质量责任体系，落实市政工程质量管理制度，确保市政工程质量水平，提高市政工程质量效益的工作。

3.1.2　市政工程质量控制的意义

（1）工程质量是工程效益的根本关键性问题

工程质量控制是指为保证和提高工程质量，运用一整套质量管理体系、手段和方法所进行的系统管理活动。工程质量好与坏，是一个根本性的问题。工程项目建设投资大，建成及使用时期长，只有合乎质量标准，才能投入生产和交付使用，发挥投资效益，结合专业技术、经营管理和数理统计，满足社会需要。世界上许多国家对工程质量的要求，都有一套严密的监督检查办法。在中国，自 1984 年开始，改变了长期以来由生产者自我评定工程质量的做法，实行企业自我监督和社会监督相结合，大力加强社会监督，并以此开展大规模的城市建设。

不断推进的城市化进程，特别是许多有重大历史性影响的现代基础设施、市政公共设施工程，如三峡工程、南水北调工程、大型污水处理环保工程项目，城市地铁、航空、水运、道桥、隧道、港口等交通运输项目，电信、通信、信息网络等邮电通信项目，以及石油、煤炭、天然气、电力等能源动力项目，还有高档 CBD、城市综合体等大型综合化新型城市建筑群项目，其工程建设质量更是功在当代、利在千秋的大事情。工程质量将直接、

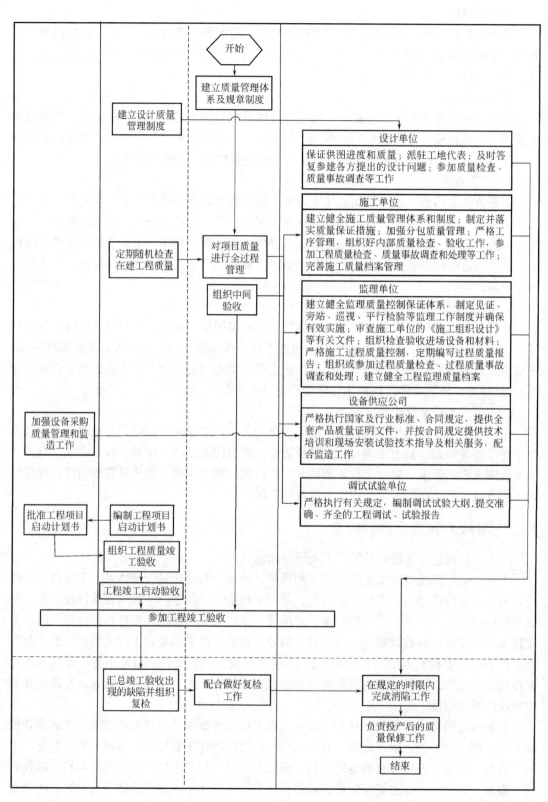

图 3.1　质量控制流程

长久地影响着工程效益的发挥，是保证工程效益的根本性、前提性的关键因素。

（2）市政工程质量低下将造成严重危害

1）工程质量通病影响市政工程使用。在工程建设中，一些质量通病还是时有发生，导致缩短了市政设施的使用年限，或直接影响了市政设施的使用安全，或影响了市政设施的使用功能。施工组织不合理，各工种之间的协调配合不好，专业工种之间各自为政，结果相互干扰、相互破坏，影响了工程质量，是导致工程质量通病的重要原因。比如，有些桥梁工程主体施工结束后，照明、机电等其他专业队伍开始施工，在承重梁、板、柱上随意凿沟开洞，成为破坏主体结构甚至影响结构安全的质量通病。再有，由于对混凝土搅拌站的管理重视不够，制度不健全或不落实，造成混凝土配比计量偏差过大，严重影响了混凝土的强度。这些通病的发生，引起了人们对工程质量问题的投诉，成为社会的热点话题。

2）桥梁垮塌的悲剧造成巨大的社会损失和灾难。近年来，在市政工程领域出现桥梁垮塌，造成人员伤亡、人民群众生命财产遭受重大损失的特大、重大工程质量安全事故时有所闻。这种重大质量事故一旦发生，就是重大灾难。这些惨痛的教训，必然要求我们高度重视市政工程质量控制工作，最大程度地加强工程质量的管理和控制，力争把损失和灾难程度降到最低。

3）加强市政工程质量控制是全社会的要求。涉及国计民生的各类城市基础设施和公共设施的工程质量关系到全社会的利益和要求。随着城市化的推进，城市基础设施、公共设施建设加快，工程质量日益关系到人民群众切身利益、国民经济投资效益和市政业可持续发展。

为规范建设市场秩序，有效保障工程质量，2015 年 9 月，住建部在全国开展了工程质量治理两年行动，以前所未有的规模、力度和决心治理工程建设领域的质量问题，各地党委和政府主管建设的行政部门，也围绕工程质量治理开展了一系列专项活动，以实际行动助推市政工程质量的提升。

市政工程质量控制流程如图 3.1 所示。

3.2　市政工程施工准备质量控制

3.2.1　项目设计质量的控制

市政工程项目施工是按照工程设计图纸（施工图）进行的，施工质量离不开设计质量，优良的施工质量要靠优良的设计质量和周到的设计现场服务来保障。

项目设计质量的控制，主要从满足项目建设需求入手，包括国家相关法律法规、强制性标准和合同规定的明确需求以及潜在需求，以使用功能和安全可靠性为核心，进行设计质量的综合控制。

设计阶段质量控制的主要任务：编制设计任务书中有关质量控制的内容；组织设计招标，进行设计单位的资质审查，优选设计单位，签订合同并履行合同；审核优化设计方案是否满足业主的质量、标准、规划及其他要求；组织专家对优化设计方案进行评审；督促设计单位完成设计工作；从质量控制角度对设计方案提出合理化建议；跟踪审核设计图纸；建立项目设计协调程序，在施工图设计阶段进行设计协调，督促设计单位完成设计工作；审核施工图设计，并根据需要提出修改意见，确保设计质量达到设计合同要求及获得政府有关部门审查通过，确保施工进度计划顺利进行；审核特殊专业设计的施工图纸是否符合设计任务书的要求，是否满足施工的要求。

加强对设计阶段质量的控制，除应健全与完善设计单位质量保证体系外，还应大力推行设计监理。建设单位应从设计阶段开始，委托监理单位介入设计质量监督。

3.2.2 施工与设计的协调

从项目施工质量控制的角度来说，项目建设单位、施工单位和监理单位，都要注重施工与设计的相互协调。协调工作主要包括以下几个方面：

（1）设计联络

项目建设单位或监理单位应组织施工单位到设计单位进行设计联络，其任务主要是：

1）了解设计意图、设计内容和特殊技术要求，分析其中的施工重点和难点，以便有针对性地编制施工组织设计，及早做好施工准备；对于以现有的施工技术和装备水平实施有困难的设计，要及时提出意见，协商修改设计，或者探讨通过技术攻关提高技术装备水平来实施的可能性，同时向设计单位介绍和推荐先进的施工新技术、新工艺和工法，争取通过适当的设计，使这些新技术、新工艺和工法在施工中得到应用。

2）了解设计进度，根据项目进度控制总目标、施工工艺顺序和施工进度安排，提出设计出图的时间和顺序要求，对设计和施工进度进行协调，使施工得以连续、顺利地进行。

3）从施工质量控制的角度，提出合理化建议，优化设计，为保证和提高施工质量创造更好的条件。

（2）设计交底和图纸会审

建设单位和监理单位应组织设计单位向所有的施工单位进行详细的设计交底，使施工单位充分理解设计意图，了解设计内容和技术要求，明确质量控制的重点和难点；同时，认真进行图纸会审，深入发现和解决各专业设计之间可能存在的矛盾，消除施工图差错。

（3）设计现场服务和技术核定

建设单位应要求设计单位派出得力的设计人员到施工现场进行设计服务，解决施工中发现和提出的与设计有关的问题，及时做好相关设计核定工作。

（4）设计变更

施工期间，需要进行局部设计变更的内容，都必须按照规定的程序，先将变更意图或请求报送监理工程师审查，经设计单位审核认可并签发《设计变更通知书》后，再由监理工程师下达《变更指令》，施工单位按变更后的图纸施工。

3.2.3 施工组织设计

市政工程项目的施工组织设计是市政工程项目管理的重要内容，需经现场踏勘、调查，且在施工前编制。大中型市政工程项目还应编制分部、分阶段的施工组织设计。

施工组织设计中关于工期、进度、人员、材料设备的调度，施工工艺的水平，以及采用的各项技术安全措施等，将直接影响工程的顺利实施和工程成本。要想保证工程施工顺利进行，工程质量达到预期目标，并降低工程造价，施工组织设计就必须做到科学合理、技术先进、费用经济。

（1）主要内容

1）简要介绍拟建工程的名称、工程结构、规模、主要工程数量表，工程地理位置、地形地貌、工程地质、水文地质、周边环境等情况，建设单位及监理机构、设计单位、质监站名称，合同开工日期和工期，合同价（中标价）。

2）工程特点、施工环境、工程建设条件。市政公用工程通常具有以下特点：多专业工程交错、综合施工；旧工程拆迁、新工程同时建设；与城市交通、市民生活相互干扰；工期短或有行政指令；施工用地紧张、用地狭小；施工流动性大等。这些特点决定了市政公用工程的施工组织设计必须对工程进行全面、细致的调查和分析，以便在施工组织设计的每一个环节上，作出有针对性的、科学合理的设计安排，为实现工程项目的质量、安全、降耗和工期目标奠定基础。

3）标书中明确工程所使用的技术标准，施工与质量验收标准，工程设计文件、图纸及作业指导书的编号。

（2）施工平面布置图

1）施工总平面布置图，应标明拟建工程平面位置、生产区、生活区、顶制场地材料堆场位置，周围交通环境、环保要求，需要保护或注意的情况。

2）在有新旧工程交错以及维持社会交通的条件下，市政公用工程的施工平面布置图有明显的动态性，即每一个较短的施工阶段之后，施工平面布置都是变化的。要做到科学、合理地组织好市政公用工程的施工，施工平面布置图就应是动态的，即必须详细考虑好每一步的平面布置及其合理衔接。

（3）施工部署和管理体系

1）施工部署包括施工阶段的区域划分与安排、施工流程（顺序）、进度计划、工力（种）、材料、机具设备、运输计划。施工进度计划用网络图或横道图表示，关键线路（工序）用粗线条（或双线）表示，必要时标明每日、每周或每月的施工强度，以分项工程划分并标明工程数量。施工流程（顺序），一般应以流程图表示各分项工程的施工顺序和相关关系，必要时辅以文字简要说明。工、料、机计划应以分项工程或月份进行编制。

2）管理体系包括组织机构设置，以及项目经理、技术负责人、施工管理负责人及各部门主要负责人等的岗位职责、工作程序等，要根据具体项目的工程特点进行部署。

（4）施工方案及技术措施

1）施工方案是施工组织设计的核心部分，包括拟建工程的主要分项工程的施工方法、施工机具的选择、施工顺序的确定，还应包括季节性措施、"四新"技术措施，以及结合工程特点和由施工组织设计安排的、根据工程需要采取的相应方法与技术措施等内容。

2）技术难度大、工种多、机具设备配合多、经验不足的工序和关键工序或关键部位应编制专项施工方案；常规的施工工序可简要说明。

（5）施工质量保证计划

1）明确工程质量目标，确定质量保证措施。根据工程实际情况，按分项工程分别制定质量保证技术措施，并配备工程所需的各类技术人员。

2）在多个专业工程综合进行时，工程质量常常相互干扰，因而进行质量总目标和分项目标设计时，必须严密考虑工程的顺序和相应的技术措施。

3）对于工程的特殊部位或分项工程、分包工程的施工质量，应制定相应的监控措施。

（6）施工安全保证计划

1）明确安全施工管理的目标和管理体系，兑现合同约定和承诺。

2）风险源识别与防范措施，包括开展安全教育培训，设立安全检查机构，制定施工现场安全措施、施工人员安全措施以及危险性较大的分部分项工程施工专项方案、应急预案和安全技术操作规程。

（7）编制方法和程序

1）掌握设计意图和确认现场条件

编制施工组织设计应在现场踏勘、调研的基础上，在做好设计交底、图纸会审等技术准备工作后进行。

2）计算工程量和计划施工进度

根据合同和定额资料，采用工程量清单中的工程量，准确计算劳动力和资源需要量；按照工期要求、工作面情况、工程结构对分层分段的影响以及其他因素，决定劳动力和机具的具体需要量以及各工序的作业时间，合理组织分层分段流水作业，编制进度计划网络图、横道图，安排施工进度。

3）确定施工技术方案（关键工序、关键部位）

按照进度计划，研究确定主要分部、分项工程的施工方法（工艺）和施工机具的选择，制定整个单位工程的施工流程，具体安排施工顺序和划分流水作业段，设置围挡和疏导交通。

4）计算各种资源的需要量和确定供应计划

依据采用的劳动定额、工程量及进度计划，确定劳动量（以工日为单位）和每日的工人需要量；依据有关定额、工程量及进度计划，计算确定材料和预制品的主要种类、数量及其供应计划。

5）平衡劳动力、材料物资和施工机具的需要量并修正进度计划

根据对劳动力和材料物资的计算，绘制出相应的曲线以检查其平衡状况。如果发现有过大的高峰或低谷，应将进度计划作适当调整与修改，使其尽可能地趋于平衡，以使劳动力的利用和物资的供应更为合理。

6）绘制施工平面布置图

使生产要素在空间上的位置合理，互不干扰，以加快施工速度。

7）确定施工质量保证体系和组织保证措施

建立质量保障体系和控制流程，实行各质量管理制度及岗位责任制；落实质量管理组织机构，明确质量责任；确定重点、难点及技术复杂分部、分项工程质量的控制点和控制措施。

8）确定施工安全保证体系和组织保证措施

建立安全施工组织，制定施工安全制度及岗位责任制、消防保卫措施、不安全因素监控措施、安全生产教育措施、安全技术措施。

9）确定施工环境保护体系和组织保证措施

建立环境保护、文明施工的组织及责任制，针对环境要求和作业时限，制定并落实技

术措施。

10）其他措施

视工程具体情况制定与各协办单位的配合服务承诺、成品保护、工程交验后服务等措施。

（8）审批程序

施工组织设计由施工单位项目负责人主持编制，经施工单位技术负责人批准后实施。实行总分包的，施工组织总设计由总施工单位技术负责人审批；单位工程施工组织设计由施工单位技术负责人审批，施工方案由项目技术负责人审批。由专业施工单位施工的分部（分项）工程或专项工程的施工方案，由专业施工单位技术负责人审批，报总包单位项目技术负责人核准备案。

（9）施工组织设计的动态调整

项目施工过程中，发生以下情况之一时，施工组织设计应及时进行修改或补充：

1）工程设计有重大修改

当工程设计图纸发生重大修改时，如地基基础或主体结构的形式发生变化、装修材料或做法发生重大变化、机电设备系统发生大的调整等，需要对施工组织设计进行修改；对工程设计图纸的一般性修改，视变化情况对施工组织设计进行补充；对工程设计图纸的细微修改或更正，施工组织设计不需调整。

2）有关法律、法规和标准实施、修订或废止

当有关法律、法规和标准开始实施或发生变更，并涉及工程的实施、检查或验收时，施工组织设计需进行修改或补充。

3）主要施工方法有重大调整

由于主客观条件的变化，施工方法有重大变更，原来的施工组织设计已不能正确地指导施工时，需对施工组织设计进行修改或补充。

4）主要施工资源配置有重大调整

当施工资源的配置有重大变更，影响到施工方法的变化或对施工进度、质量、安全、环境、造价等造成潜在的重大影响时，需对施工组织设计进行修改或补充。

3.2.4　施工质量控制点的设置

施工质量控制点的设置是施工质量计划的重要组成内容。施工质量控制点是施工控制的重点对象。

（1）质量控制点的设置

质量控制点应选择技术要求高、施工难度大、对工程质量影响大或发生质量问题时危害大的对象进行设置。一般选择下列部位或环节作为质量控制点。

1）对工程质量形成过程产生直接影响的关键部位、工序、环节及隐蔽工程。

2）施工过程中的薄弱环节，或者质量不稳定的工序、部位或对象。

3）对下道工序有较大影响的上道工序。

4）采用新技术、新工艺、新材料的部位或环节。

5）对施工质量无把握的、施工条件困难的或技术难度大的工序或环节。

6）用户反馈过或曾经返工的不良工序。

一般城镇道路工程质量控制点的设置见表3.1。

城镇道路工程质量控制点 表3.1

分项工程	质量控制点
工程测量	标准轴线桩、水平桩、定位轴线、标高
路基回填	选择质量合格的填料； 控制现场分层厚度及含水量； 保证碾压遍数并进行压实度检测； 控制每层平整度； 控制碾压范围，超压反挖，保证有效碾压范围
基层施工	原材料选择与检测； 确保搅拌均匀，含水量合适，水泥掺量合格； 尽量减少运输时间和摊铺碾压时间，减少水分流失； 保证碾压速度和遍数； 上基层完成后，及时施工透层油的下封层； 做好压实度、厚度和强度检测
面层施工	原材料选择与检测； 确保搅拌时间、温度，沥青掺量合格； 尽量减少运输时间和摊铺碾压时间； 保证碾压速度和遍数； 做好压实度、厚度和强度检测
钢筋混凝土	水泥品种，强度等级，砂石质量，混凝土配合比，外加剂掺量，混凝土振捣，钢筋品种、规格、尺寸，搭接长度，钢筋焊接、机械连接，预留洞、孔及预埋件规格、位置、尺寸、数量，吊装位置、标高，支承长度，焊缝长度
边坡防护	边坡开挖顺直、坡度合格； 防护材料质量合格； 控制外观质量
地下管线	原材料进场检测合格后方可使用； 保证开挖沟槽坡度和基底承载力； 承插管安装接头处理到位； 检查井、沉砂井、跌水井位置正确，标高正确； 回填时人工夯实； 按施工标准进行闭水试验

（2）质量控制点的重点控制对象

设定了质量控制点，还要根据对重要质量特性进行重点控制的要求，选择质量控制点的重点部位、重点工序和重点质量因素作为质量控制点的重点控制对象，进行重点预控和监控。质量控制点的重点控制对象主要包括：

1）人的行为。某些操作或工序，应以人为重点控制对象，如高空、高温、水下、易燃易爆环境、重型构件吊装作业，以及操作要求高的工序和技术难度大的工序等，都应从人的生理、心理、技术能力等方面进行控制。

2）材料的质量与性能。这是直接影响工程质量的重要因素，在某些工程中应作为控制的重点。如钢结构工程中使用的高强度螺栓、某些特殊焊接使用的焊条等，都应重点控制其材质与性能；又如，水泥的质量是直接影响混凝土工程质量的关键因素，施工中应对进场的水泥质量进行重点控制，必须检查、核对其出厂合格证，按要求进行强度、凝结时间和安定性的复验等。

3）施工方法与关键操作。某些直接影响工程质量的关键操作应作为控制的重点，如预应力钢筋的张拉工艺操作过程及张拉力的控制，是建立预应力值和保证预应力构件质量的关键。此外，那些易对工程质量产生重大影响的施工方法，也应列为控制的重点，如大模板施工中模板的稳定和组装问题，液压滑模施工时支撑杆的稳定问题，装配式混凝土结构构件吊运、吊装过程中吊具、吊点、吊索的选择与设置问题等。

4）施工技术参数。如混凝土的水灰比和外加剂掺量，回填土的含水量，砌体的砂浆饱满度，防水混凝土的抗渗等级，基础沉降与基坑边坡稳定监测数据等。此外，大体积混凝土内外温差，混凝土冬期施工受冻临界强度，装配式混凝土预制构件出厂时的强度等技术参数，都是应重点控制的质量参数与指标。

5）技术间歇。有些工序之间须留有必要的技术间歇时间，如沥青路面基层与面层之间，基层施工完成，应养护 7~14d 后，再铺筑面层；混凝土浇筑与模板拆除之间，应保证混凝土有一定的强度增长时间，达到规定拆模强度后方可拆除等。

6）施工顺序。某些工序之间必须严格控制施工先后顺序，如对冷拉钢筋，应当先冷拉后焊接，否则会失去冷拉强度；市政管道工程中，管道埋设到位后，需进行闭水试验，方可回填、夯实。

7）易发生或常见的质量通病。如桥梁混凝土工程的蜂窝、麻面、空洞，沥青路面的表面裂缝等，都与工序操作有关，均应事先研究对策，提出预防措施。

8）新技术、新材料及新工艺的应用。由于缺乏经验，施工时应将其作为重点进行控制。

9）产品质量不稳定和不合格率较高的工序应列为重点，认真分析，严格控制。

10）特殊地基或特种结构。对于湿陷性黄土、膨胀土、红黏土等特殊土地基的处理，以及大跨度结构、高耸结构等技术难度较大的施工环节和重要部位，均应予以特别的重视。

3.3　市政工程施工过程的质量控制

施工过程的质量控制，是在工程项目质量实际形成过程中的事中质量控制，一般也称为过程控制。

市政工程项目施工由一系列相互关联、相互制约的作业过程（工序）构成，因此，施工质量控制必须对全部作业过程，即各道工序的作业质量持续进行控制。从项目管理立场看，工序作业质量的控制，首先是质量生产者即作业者的自控，在施工生产要素合作的条件下，作业者能力及其发挥的状况是决定作业质量的关键；其次，来自作业者外部的各种作业质量检查验收和对质量行为的监督，也是不可缺少的设防和把关的管理措施。

3.3.1　施工材料设备（机械）质量控制

（1）施工材料质量控制

材料包括工程材料和施工用料，又包括原材料、半成品、成品、构配件和模板、脚手架等周转材料。各类材料是工程施工的基本物质条件，材料质量不符合要求，工程质量就不可能达到标准。工程设备，是指组成工程实体的工艺设备和各类机具，如各类生产设备、装置和辅助配套的通风空调、消防、环保设备等，它们是工程项目的重要组成部分，其质量的优劣，直接影响到工程使用功能的发挥。所以，加强对材料设备的质量控制是保证工程质量的基础。

对原材料、半成品及工程设备进行质量控制的主要内容为：控制材料设备的性能、标准、技术参数与设计文件的相符性；控制材料、设备各项技术性能指标，检验测试指标与标准要求的相符性；控制材料、设备进场验收程序的正确性及质量文件资料的完备性；优先采用节能低碳的新型市政材料和设备，禁止使用国家明令禁用或淘汰的市政材料和设备等。

施工单位应按照国家标准《房屋建筑和市政基础设施工程质量检测技术管理规范》GB 50618—2011 的规定，在施工过程中贯彻执行企业质量程序文件中关于材料和设备封样、采购、进场检验、抽样检测及质保资料提交等方面明确规定的一系列控制程序和标准。

预应力混凝土预制构件的原材料质量、钢筋加工和连接的力学性能、混凝土强度、构件结构性能、装饰材料的质量等，均应根据国家现行有关标准进行检查和检验，并应具有生产操作规程和质量检验记录；混凝土预制构件出厂时的混凝土强度不宜低于设计混凝土强度等级值的 75%。

以城市综合管廊工程为例，对工程原材料的要求是：

1）综合管廊工程中所使用的材料应根据结构类型、受力条件、使用要求和所处环境等选用，并应考虑耐久性、可靠性和经济性。

2）主要材料宜采用高性能混凝土、高强度钢筋（图 3.2）。当地基承载力良好、地下水位在综合管廊底板以下时，可采用砌体材料。

图 3.2　德胜路综合管廊工程钢筋加工

① 钢筋混凝土结构的混凝土强度等级不应低于 C30；预应力混凝土结构的混凝土强度等级不应低于 C40。

② 砌体结构所用的石材强度等级不应低于 MU40，并应质地坚实，无风化削层和裂纹；砌筑砂浆强度等级应符合设计要求，且不应低于 M10。

3）综合管廊附属工程和管线所用材料及施工要求应满足设计要求和国家现行相关标准的要求。

（2）施工设备（机械）质量控制

施工设备（机械）是所有施工方案和工法得以实施的重要物质基础，合理选择和正确使用施工设备（机械）是保证施工质量的重要措施（图 3.3）。

1）对施工所用的设备（机械），应根据工程需要从设备选型、主要性能参数及使用操作要求等方面加以控制，符合安全、适用、经济、节能、环保等方面的要求。

2）对施工中使用的模具、脚手架等施工设备，除可按适用的标准定型选用之外，一般需按设计及施工要求进行专项设计，对其设计方案及制作质量的控制及验收应作为控制重点。

3）混凝土预制构件吊运应根据构件的形状、尺寸、重量和作业半径等要求选择吊具和起重设备，预制柱的吊点数量、位置应经计算确定，吊索水平夹角不宜小于 60°，不应小于 45°。

4）按现行施工管理制度要求，工程所用的施工机械、模板、脚手架，特别是危险性较大的现场安装的起重设备，在安装前要编制专项安装方案并经审批后实施，安装完毕不仅必须经过自检和专业检测机构检测，而且要经过相关管理部门验收合格后方可使用。在使用过程中尚需落实相应的管理制度，以确保其安全正常使用。

图 3.3　SMW 工法桩机作业

3.3.2 施工工序质量控制

工序是人、机械、材料设备、施工方法和环境因素对工程质量综合起作用的过程，所以对施工过程的质量控制，必须以工序作业质量控制为基础和核心。工序的质量控制是施工阶段质量控制的重点，只有严格控制工序质量，才能确保施工项目的实体质量。工序施工质量控制主要包括工序施工条件质量控制和工序施工效果质量控制。

（1）工序施工条件质量控制

工序施工条件是指从事工序活动的各生产要素质量及生产环境条件。工序施工条件控制就是控制工序活动的各种投入要素质量和环境条件质量。控制的手段主要有：检查、试验、跟踪监督等。控制的依据主要是：设计质量标准、材料质量标准、技术性能标准、施工工艺标准以及操作规程等。

（2）工序施工效果质量控制

工序施工效果是工序产品的质量特征和特性指标的反映。对工序施工效果的控制就是控制工序产品的质量特征和特性指标达到设计质量标准以及施工质量验收标准的要求。工序施工效果控制属于事后质量控制，其控制的主要途径是：实测获取数据，统计分析所获取的数据，判断、认定质量等级和纠正质量偏差。

按有关施工验收标准规定，下列工序质量必须进行现场质量检测，合格后才能进行下道工序：

1）地基基础工程

① 地基及复合地基承载力检测；

② 工程桩的承载力检测；

③ 桩身质量检验。

2）主体结构工程

① 混凝土、砂浆、砌体强度现场检测；

② 钢筋及钢筋半成品、钢筋网片质量检测；

③ 钢筋保护层厚度检测；

④ 混凝土预制构件强度检测。

3）钢结构及管道工程

① 钢结构及钢管焊接质量无损检测；

② 钢结构、钢管防腐及防火涂装检测；

③ 钢结构节点、机械连接用紧固标准件及高强度螺栓力学性能检测。

4）现浇钢筋混凝土结构

① 综合管廊模板施工前，应根据结构形式、施工工艺、设备和材料供应条件进行模板及支架设计；模板及支撑的强度、刚度及稳定性应满足受力要求（图 3.4）。

② 混凝土的浇筑应在模板和支架检验合格后进行；入模时应防止离析，连续浇筑时，每层浇筑高度应满足振捣密实的要求；预留孔、预埋管、预埋件及止水带等周边混凝土浇筑时，应辅助人工插捣（图 3.5）。

③ 混凝土底板和顶板，应连续浇筑不得留置施工；设计有变形缝时，应按变形缝分仓浇筑。

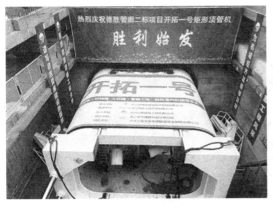

图 3.4 管廊顶管施工 图 3.5 混凝土浇筑

④ 混凝土施工质量验收应符合现行国家标准《混凝土结构工程施工质量验收规范》GB 50204 的有关规定。

3.3.3 施工过程质量验收

根据工程项目质量验收标准，项目划分为单位工程、分部工程、分项工程和检验批进行验收。施工过程质量验收主要指检验批和分项、分部工程的质量验收（图 3.6、图 3.7）。

（1）检验批质量验收

所谓检验批是指"按同一生产条件或按规定的方式汇总起来供检验用的，由一定数量样本组成的检验体"。检验批是工程验收的最小单位，是分项工程乃至整个市政工程质量验收的基础。检验批应由专业监理工程师组织施工单位项目专业质量检查员、专业工长等进行验收。检验批质量验收应符合下列规定：

图 3.6 钢筋绑扎验收

图 3.7　高架桥立柱拆模后待验收

1）主控项目的质量经抽样检验均应合格；

2）一般项目的质量经抽样检验合格；

3）具有完整的施工操作依据、质量验收记录。

主控项目是指市政工程中对安全、节能、环境保护和主要使用功能起决定性作用的检验项目。主控项目的验收必须从严要求，不允许有不符合要求的检验结果。除主控项目以外的检验项目称为一般项目。

（2）分项工程质量验收

分项工程的质量验收在检验批验收的基础上进行。一般情况下，两者具有相同或相近的性质，只是批量的大小不同而已。分项工程可由一个或若干检验批组成。分项工程应由专业监理工程师组织施工单位项目专业技术负责人等进行验收。分项工程质量验收应符合下列规定：

1）所含检验批的质量均应验收合格；

2）所含检验批的质量验收记录应完整。

（3）分部工程质量验收

分部工程的验收在其所含各分项工程验收的基础上进行。分部工程应由总监理工程师组织施工单位项目负责人和项目技术负责人等进行验收；勘察、设计单位项目负责人和施工单位技术、质量部门负责人应参加地基与基础分部工程验收；设计单位项目负责人和施工单位技术、质量部门负责人应参加主体结构、节能分部工程验收。

分部工程质量验收应符合下列规定：

1）所含分项工程的质量均应验收合格；

2）质量控制资料应完整；

3）有关安全、节能、环境保护和主要使用功能的抽样检验结果应符合相应规定；

4）观感质量应符合要求。

3.3.4 质量验收不合格的处理

（1）施工过程的质量验收是以检验批的施工质量为基本验收单元。检验批质量不合格的原因可能是所使用的材料不合格，或施工作业质量不合格，或质量控制资料不完整等，其处理方法有：

1）在检验批验收时，发现存在严重缺陷的应返工重做，一般缺陷可通过返修或更换器具、设备消除，返工或返修后应重新进行验收。

2）个别检验批发现某些项目或指标（如试块强度等）不满足要求，难以确定是否验收时，应请有资质的检测机构检测鉴定，当鉴定结果能够达到设计要求时，应予以验收。

3）当检测鉴定达不到设计要求，但经原设计单位核算认可能够满足结构安全和使用功能的检验批，可予以验收。

（2）严重质量缺陷或超过检验批范围的缺陷，经有资质的检测机构检测鉴定以后，认为不能满足最低限度的安全储备和使用功能，则必须进行加固处理。经返修或加固处理的分项、分部工程，满足安全及使用功能要求时，可按技术处理方案和协商文件的要求予以验收，责任方应承担经济责任。

（3）通过返修或加固处理后仍不能满足安全或重要使用要求的分部工程及单位工程，严禁验收。

3.4 市政工程质量监理

工程监理是指具有相关资质的监理单位受建设单位的委托，依据国家批准的工程项目建设文件，有关工程建设的法律、法规，工程建设监理合同以及其他工程建设合同，代表建设单位对施工单位的工程建设实施监控的一种专业化服务活动。

工程监理是受建设单位委托进行的一种有偿的工程咨询服务，监理的主要依据是法律、法规、技术标准、相关合同及文件，监理的准则是守法、诚信、公正和科学，监理的目的是确保工程建设质量和安全，提高工程建设水平，充分发挥投资效益。

3.4.1 市政工程质量监理控制内容

（1）对工程建设投入的资源和条件的控制（事前控制）

1）建立健全质量控制系统组织；

2）督促、检查施工单位建立健全质量管理体系、质量保证体系；

3）严格审查施工及管理人员的资质；

4）严格检查验收原材料、半成品构配件及设备的质量，需复试检验的，必须复试合格后使用；

5）严格审批施工方案和施工方法；

6）认真进行图纸会审和技术交底；

7）严格审查开工申请。

（2）对施工过程及各环节质量进行控制（事中控制）

1）严格工序的质量控制；

2）工序间交接检查，上一道工序不合格，不得进行下一道工序施工；

3）严格隐蔽工程的检查验收，未经监理工程师检查验收或验收不合格的工程不得进行隐蔽；

4）认真进行工序、分部工程的质量评定；

5）严格管理设计变更，未经总监理工程师签字的设计变更，施工单位不得实施工程变更。

（3）对工程产品的质量进行控制（事后控制）

1）严格审查竣工验收报告；

2）认真组织工程预验收；

3）认真整理工程监理资料，保证真实、齐全。

3.4.2 市政工程监理质量控制措施

监理质量控制措施概括为：一条原则、两个重点、三个阶段、六个方法、十个手段。

（1）一条原则

工程监理质量控制是整个监理工作的核心，与进度计划和工程计量相互制约，监理工程师监督施工单位按合同、技术标准、设计图纸的要求施工，是监理工作的原则。

（2）两个重点

1）重要的分部分项工程，如基础工程、主体结构、设备安装及根据工艺特殊要求重点控制的其他分项工程。

2）关键部位，如基础、梁体、隧道、钢结构等主要构件施工时，路基填筑材料压实、隧道衬砌、管道埋设、闭水试验等为关键部位。

（3）三个阶段

1）施工准备阶段——质量的事前控制

①掌握和熟悉质量控制的技术依据

A.由项目总监理工程师组织监理人员熟悉施工图纸，了解工程特点，明确质量评定标准，并将收集的相关问题整理汇总后，上报建设单位，由建设单位提交设计单位以便进一步完善设计。

B.明确工程中有特殊要求时执行的质量指标和验收标准。

C.参加建设单位组织的设计交底及图纸会审，了解设计意图，明确关键部位以及新产品、新工艺、新材料的要求，提出图纸中的技术难点。

D.对基础和主体、装饰、总体配套、细部检查四个阶段制订详细的、有针对性的现场监理实施细则和相应的检查表单（按分项工程写），并严格按此进行操作。每个分部工程开工前须提交一份该分部工程的质量通病或可能产生的质量问题，采取的预防措施，以及施工过程中有针对性的办法。

②对施工场地的控制

对原始基准点、基准线、标高等测量控制点进行复测，并要求施工单位进行保护。

③对总包单位和分包单位的控制

检查总包单位的机构设置、人员设备、职责与分工的落实情况，对分包单位应审核以下内容：

A. 分包单位的营业执照、企业资质等级证书、特殊行业施工许可证。

B. 分包单位的业绩。

C. 拟分包工程的内容和范围。

D. 专职管理人员和特种作业人员的资格证、上岗证。

E. 分包单位进场后，由施工单位向分包单位交代清楚各项监理程序，若发现分包单位有违反监理程序的情况，总监理工程师应指令施工单位停止分包单位的工作。

F. 必要时，专业监理工程师可向施工单位提出要求分包单位参加监理例会。

G. 专业监理工程师应对分包单位的施工情况、人员情况、安全情况、分包工程质量进行检查，若发现分包单位由于技术、管理水平低，无法完成分包内容，总监理工程师应书面通知施工单位撤换分包单位。

H. 总监理工程师对分包单位资格的确认不解除施工单位应负的责任。

④ 对工程所需原材料及半成品的质量控制

A. 对施工中将要采用的新技术、新材料、新工艺进行审核，检查鉴定书和试验报告，新材料要求有相关备案材料。

B. 检查材料、半成品、设备的采购是否符合合同规定，对到场的材料、半成品、设备要及时检验，必要时配合建设单位对生产厂家实地考察，以确定订货厂家。

C. 对于隧道装饰材料、风机等部分设备，应在协同建设单位审查样品后，同意进货。

D. 对于需要进口的材料，应有国家商检部门的证明，如发现质量问题，不得用于工程上。

E. 对于进场的设备，安装前要按相应的技术说明书、设备标准的要求进行质量检查。

F. 专业监理工程师应要求施工单位根据进场的材料、半成品、设备、器材等的特点、特性以及在温度、湿度、防潮、防晒等方面的不同要求进行存放，以保证其质量。

G. 对国家及地方规定必须实行见证取样和送检的其他试块、试件和材料，实行见证取样送检制度。

H. 监理工程师应对施工单位试验室进行核查。

I. 对施工机械的质量控制：审查施工单位进场主要机械设备规格、型号及性能是否符合施工需要；审查施工中使用的水准仪、经纬仪、衡器、计量装置、量具等需要定期检定的设备是否有计量部门出具的检定证明；对直接危及工程质量、人员安全的施工机械，如施工塔吊、混凝土搅拌站等进行重点关注。

⑤ 施工技术方案审查

工程开工前及时审核施工单位提交的施工组织设计，包括施工技术方案、施工进度计划、安全及文明生产措施，将审查结果书面答复施工单位，并抄送建设单位。

监理工程师应掌握的审查原则：审核程序要符合要求；施工组织设计应符合当前国家基本建设的方针和政策，突出"质量第一、安全第一"的原则；施工组织设计中工期、质量目标应与施工合同相一致；施工总平面图的布置应与地貌环境、市政平面协调一致；施工组织设计中的施工布置和程序应符合本工程的特点及施工工艺，满足设计文件要求；施工组织设计应优先选用成熟的、先进的施工技术，且对本工程的质量、安全和降低造价有利；进度计划应采用流水施工方法和网络计划技术，保证施工的连续性和均衡性，且工、料、机进场计划应与进度计划保持协调性；质量管理和技术管理体系健全，质量保证措施切实可行且有针对性；安全、环保、消防和文明施工措施切实可行并符合有关规定。

2）施工阶段——质量的事中控制

① 在施工过程中，当施工单位对已批准的施工组织设计进行调整、补充或变动时，应经专业监理工程师审查，并应由总监理工程师签认。

② 专业监理工程师应要求施工单位报送重点部位、关键工序的施工工艺和确保工程质量的措施，审核同意后予以签认。

③ 项目监理机构应对施工单位在施工过程中报送的施工测量放线成果进行复验和确认，用激光经纬仪、测距仪等复核、验收单体工程的定位放线，做好沉降观测等的复核。

④ 专业监理工程师审查施工总包单位提出的材料和设备计划与清单，以满足现场施工的需要；检查工程上所采用的主要设备、半成品、构配件是否符合设计文件或议价文件所规定的厂家、型号和标准；对进口设备，必须检查其海关商检书。

⑤ 对施工单位报送的拟进场工程材料、构配件和设备的工程材料／构配件／设备报审表及其质量资料进行审核，工程使用的原材料、半成品、构配件进场时，必须检查其出厂合格证、质保书、材质化验单，同时见证取样、送样，并按规定进行抽查和复验。对进场的实物，按照委托监理合同约定或有关工程质量管理文件规定的比例，采用平行检验或见证取样方式进行抽检。密切配合建设单位做好甲供材料（设备）的检验、验收工作，并及时对三方采购材料（设备）供货质量、进度状况跟踪考核，发现偏差，及时纠正。根据工程进展情况，按建设单位要求分阶段提交各类三方采购材料（设备）供货质量及进度考核情况报告，并进一步配合建设单位做好对各分包供货商合同履约情况的评审工作和对各施工单位分包材料管理情况的考评工作。

⑥ 建立健全质量保证体系，加强合同管理。由于工程材料的质量低劣造成的工程质量事故和损失往往是非常严重并难以弥补和修复的，因此，工程中必须尽力避免发生此类问题，防患于未然。在材料的质量监理中，首先要求施工单位建立健全质量保证体系，使施工企业在人员配备、组织管理及检测程序、方法、手段等各个环节上加强管理，同时，施工承包合同和监理委托合同中要明确对材料的质量要求和技术标准，并明确监理方在材料监理方面的责任、权限以及建设单位的要求。监理委托合同中有关材料监理的内容是相似的，即：监理方有权对材料进行必要的抽检，施工单位要在监理方的监督下，同时进行取样和试（化）验工作，监理方负责提供准确、可靠的检验结果，当监理方的检验结果与施工单位的试验结果不一致时，以监理方所提供的检验结果为准。项目实施过程中，严格按合同办事，加强合同管理，以合同为依据，始终坚持施工单位自检和监理方独立抽检、复检相结合。改变过去只有施工单位自检为准，而没有第三方监督管理的状况，以防止不合格的材料用于工程，保证工程建设质量。

⑦ 明确材料监理程序，制定材料监理细则。

⑧ 审核施工单位材料计划。材料监理工程师进场后，首先了解施工单位的材料总体计划，并审核其是否满足施工总进度的要求，对发现的问题提出改进建议，使材料总体计划与施工进度相一致。在此基础上，每月25日前，施工单位应向监理方提交下月的材料进场计划，包括进货品种、数量、生产厂家等，材料监理工程师根据工程月进度计划予以审核，使材料进场计划符合工程进度要求。

⑨ 材料采购的质量监理。对计划进场的材料，监理方会同施工单位对其生产厂家资质

及质量保证措施予以审核；对订购的产品样品，要求其提供质保书，根据质保书所列项目对其样品质量进行再检验。样品不符合标准的，不能订购其产品。

⑩ 进场材料的质量监理。在材料监理细则中，明确提出要加强现场原材料的试（化）验工作。例如：对工程中使用的钢筋、水泥，要求有出厂质保书；对黄沙、碎石等，要求有材质试验单。试（化）验工作应在监理方监督下，由施工方在有资质的试验室中进行，监理方负责审核，以确认施工单位提供的试（化）验报告。监理方应严格按照材料质量监控流程，严格按照国家相关标准、设计文件、合同及材料监理细则对现场材料进行质量监理。

⑪ 项目监理机构应定期检查施工单位的直接影响工程质量的计量设备的技术状况。

⑫ 总监理工程师应安排监理人员对施工过程进行巡视和检查。对隐蔽工程的隐蔽过程、下道工序施工完成后难以检查的重点部位，专业监理工程师应安排监理员进行旁站。

⑬ 实行分项工程样板引路制（监理细则中明确样板内容）。必须在各分项工程、特殊的城市市政工程管理工艺、重要的部位及新材料新工艺的应用等方面把好样板审核关，明确工艺流程和质量标准。

⑭ 专业监理工程师应根据施工单位报送的隐蔽工程报验申请表和自检结果进行现场检查，符合要求予以签认。对未经监理人员验收或验收不合格的工序，监理人员应拒绝签认并严禁施工单位进行下一道工序的施工。

⑮ 专业监理工程师应对施工单位报送的分项工程质量验评资料进行审核，符合要求予以签认；总监理工程师应组织监理人员对施工单位报送的分部工程和单位工程质量验评资料进行审核和现场核查，符合要求后予以签认。

⑯ 对施工过程中出现的质量缺陷，现场监理负责人应及时下达监理工程师通知，要求施工单位整改，并检查整改结果；协助建设单位组织施工总包单位、设计单位研究处理工程质量、安全事故，监督整改方案的实施，并监督检查整改工作实施。

⑰ 监理人员发现施工存在重大隐患，可能造成质量事故或已经造成质量事故，应通过总监理工程师及时下达工程暂停令，要求施工单位停工整改。整改完毕并经监理人员复查，符合规定要求后，总监理工程师应及时签署工程复工报审表。总监理工程师下达工程暂停令和签署工程复工报审表，宜事先向建设单位报告。

对需要返工处理或加固补强的质量事故，总监理工程师应责令施工单位报送质量事故调查报告和经设计单位等相关单位认可的处理方案，项目监理机构应对质量事故的处理过程和处理结果进行跟踪检查和验收。

3）工程验收阶段——工程完工后的质量控制

① 监理工程师负责隐蔽工程验收、中间验收和竣工初验，并督促整改；对工程施工质量、安全、文明施工提出评估意见；配合建设单位进行单位工程竣工验收；提供专业检测仪器和工具，协助建设单位在中间验收、竣工验收、每月的例行检查时对工程实体进行实测实量。

② 总监理工程师应组织现场监理负责人，依据有关法律、法规、工程建设强制性标准、设计文件及施工合同，对施工单位报送的竣工资料进行审查，并对工程质量进行竣工预验收。对存在的问题，应及时要求施工单位整改。整改完毕由总监理工程师签署工程竣工报验单，并应在此基础上提出工程质量评估报告。工程质量评估报告应经总监理工程师

和监理单位技术负责人审核签字。

③ 项目监理机构参加由建设单位组织的竣工验收，并提供相关监理资料。对验收中提出的整改问题，项目监理机构应要求施工单位进行整改。工程质量符合要求，由总监理工程师会同参加验收的各方签署竣工验收报告。

④ 对于需要进行试运转的分项（部）工程（如照明、通风与空调系统），专业监理工程师应联系建设单位、设计单位，共同对设备的试运转进行验收。

⑤ 专业监理工程师审查总包单位编制的竣工图，保证其正确无误，并及时提交建设单位；负责工程监理文件的整理和归档，经建设单位认可后移交建设单位；对竣工监理资料进行整理。

⑥ 工程进入缺陷责任期内，专业监理工程师监督施工单位完成未完成工程和缺陷修补，直到签发缺陷责任证书。

（4）六个方法

1）目标管理。按照监理合同所明确的工期、质量等级及投资目标，结合工程的特点，从总体入手进行分析、研究，将目标展开，编制市政工程原材料质量控制、重点工序的控制，采取预防措施，加强项目目标的预控、检查、分析、纠正，实现目标的动态控制。

2）审核项目的预算，以便进行工程项目的投资控制。

3）分析、研究统计报表和资料，及时揭示项目的现状与进展情况，并做好资料的归档管理工作。

4）项目管理人员及公司管理人员经常深入现场，及时了解工程进展情况，以便更好地开展工作。

5）要求专业技术人员认真审核施工图纸，做好交底工作，控制项目的投资，保证项目的进度和质量标准。

6）审查施工单位的施工组织和施工方案、质保体系，使项目按期顺利实施并达到合同所明确的质量等级。

（5）十个手段

1）加强总监理工程师负责制，健全项目监理组织，完善监理运行制度，形成以总监理工程师为首的高效的监理工作班子。

2）加强对工程施工图和计算书、计算依据等的审核，并进行必要的验算。

3）旁站：施工过程中对重点项目和部位实施旁站，检查施工过程中设备、主材、辅材、混合料等与批准的是否符合；检查施工单位是否按批准的方案、技术标准施工。

4）测量：监理工程师对完成的工程的几何尺寸进行实测实量验收，不符合要求的应进行整修或返工。

5）试验：对各种材料、半成品等，监理人员可随机抽样试验，施工单位需提供相关试验条件。

6）指令性文件：施工单位和监理单位的工作往来，必须以文字为准，监理工程师通过书面指令和文字对施工单位进行质量控制，指出施工中发生或可能发生的质量问题，提请施工单位加以重视或修改。

7）组织协调：由总监理工程师组织，适时、定期地召开工地会议，邀请承包商、设计单位等有关人员参加，讨论、协商施工过程中的实际情况，汇报施工进度、质量、投资等情况，协调好各方面的关系。

8）专家会议：在施工过程中，对于一些复杂的技术问题，由建设单位负责召集专家会议的方式，进行研究讨论，根据专家意见和合同条件，作出结论。

9）停止支付：当承包商发生任何工程违约行为或存在重大质量问题时，总监理工程师可立即停止支付。通过合同条件中赋予的支付方面的权力，报经建设单位后暂停支付承包商的有关款项，使监理工程师得以约束承包商，使其按合同条件精心地完成合同规定的各项任务。

10）约谈承包商：当工程承包商存在工程质量等方面的严重问题时，由总监理工程师出面邀请承包商负责人，及时提出问题及可能出现的后果，并提出挽救的途径和建议。

3.5　市政工程各专业工程质量通病

3.5.1　城镇道路工程质量通病

（1）路基施工质量通病（表 3.2）

路基施工质量通病　　　　　　　　　　　　　　　　　表 3.2

质量通病	原因分析	预防措施
路基土难以压实，出现"弹簧土"现象	① 填土含水量过大； ② 填料不符合规定	① 排除原地面积水，控制填土含水量； ② 分层填筑，分层压实； ③ 换土、翻开晾晒或添加石灰粉煤灰
压实后的路基强度不足	① 路基填料强度不足； ② 压实不足	① 填料应符合设计和标准要求； ② 控制松铺厚度； ③ 合理选用压实机具，增加压实遍数

（2）道路基层质量通病（表 3.3）

道路基层质量通病　　　　　　　　　　　　　　　　　表 3.3

质量通病	原因分析	预防措施
横向裂缝	① 干缩和温缩； ② 有重车通行； ③ 横向施工接缝； ④ 结构沉陷	① 严格控制混合料的碾压含水量； ② 及时养生； ③ 尽早铺筑上层； ④ 延长施工段落，减少接缝数量； ⑤ 可用沥青封面，以防渗水和恶化
压实度不足	① 压路机吨位与碾压遍数不够； ② 碾压厚度过大； ③ 下卧层软弱，或混合料含水量过高或过低； ④ 混合料配合比不准，石料偏少、偏细，石灰粉煤灰偏多； ⑤ 实际配合比及使用的原材料同设计有较大差异	① 碾压时，压路机应按规定的碾压工艺进行，一般先用轻型压路机（8～12t）稳压3遍，再用重型压路机（12～16t）复压6～8遍，最后轻型压路机打光，至少2遍； ② 严格控制压实厚度，一般不大于20cm，最大不超过25cm； ③ 严格控制混合料的配合比及均匀性，以及混合料的碾压含水量； ④ 对送至工地的混合料，应抽样进行标准密度的试验，通过试验确定或修正混合料标准密度； ⑤ 下卧层软弱或发生"弹簧"时，必须进行处理或加固； ⑥ 加强现场检验，发现压实度不足，应及时分析原因，采取对策

（3）面层施工质量通病（表3.4）

面层施工质量通病 表3.4

质量通病	原因分析	预防措施
施工接缝明显	① 在后铺筑沥青层时，未将之前施工压实的路幅边缘切除，或切线不顺直； ② 前后施工的路幅材料有差别，如石料色泽深浅不一或级配不一致； ③ 后施工路幅的松铺系数未掌握好，偏大或偏小； ④ 接缝处碾压不密实	① 在同一个路段中，应采用同一料场的集料，避免色泽不一。上面层应采用同一种类型级配，混合料配合比要一致； ② 纵横冷接缝必须按有关施工技术标准处理好。在摊铺新料前，须将已压实的路面边缘塌斜部分用切削机切除，切线顺直，侧壁垂直，清扫碎粒料后，涂刷0.3～0.6kg/m² 粘层沥青，然后摊铺新料，并掌握好松铺系数。施工中及时用3m直尺检查接缝处平整度，如不符合要求，趁混合料未冷却时进行处理； ③ 纵横向接缝须采用合理的碾压工艺。在碾压纵向接缝时，压路机应先在已压实路面上行走，碾压新铺层的10～15cm，然后压实新铺部分，再伸过已压实路面10～15cm。接缝须充分压实，达到紧密、平顺的要求
压实度不足	①碾压速度没掌握好，碾压方法有误； ②沥青混合料拌和温度过高，有焦枯现象，沥青丧失粘结力，虽经反复碾压，但面层整体性不好，仍呈半松散状态； ③碾压时面层沥青混合料温度偏低，沥青虽裹覆较好，但已逐渐失去黏性，沥青混合料在压实时呈松散状态，难以压实成型； ④雨天施工时，沥青混合料内形成的水膜，影响矿料与沥青间粘结以及沥青混合料碾压时，水分蒸发所形成的封闭水汽，影响路面有效压实； ⑤压实厚度过大或过小	①碾压时应按初压、复压、终压三个阶段进行，行进速度须慢而均匀，碾压速度应符合规定； ②碾压时驱动轮面向摊铺机方向前进，驱动轮在前，从动轮在后； ③沥青混合料拌制时，集料烘干温度要控制在160~180℃，温度过高会使沥青出现焦相，丧失粘结力，影响沥青混合料的压实性和整体性； ④沥青混合料运到工地后应及时摊铺，及时碾压，碾压温度过低会使沥青的黏度提高，不易压实，应尽量避免气温低于5℃或雨期施工； ⑤压实层最大厚度不得超过10cm，最小厚度应大于集料最大粒径1.5倍（中、下面层）或2倍（上面层），压实度应符合相关规定

3.5.2 城市桥梁工程质量通病

（1）坍孔

1）质量问题及现象

在挖孔过程中或成孔后，出现坍孔。

2）原因分析

①桩孔较深、土质较差。

②出水量较大或遇流砂、淤泥。

3）预防措施

①如桩孔较深、土质较差、出水量较大，应采用就地灌注混凝土护壁，每下挖1～2m，灌注一次，随挖随护壁。护壁厚度一般采用15～20m。

②在出水量大的地层中挖孔时，可采用下沉预制钢筋混凝土圆管护壁。

③ 在开挖过程中如遇细砂、粉砂层地质时，加上地下水的作用，极易形成流砂，严重时会发生井漏，造成质量事故，因此要采取有效、可靠的措施。

A. 流砂情况较轻时

缩短一次开挖深度，将正常的 1 m 左右一段，缩短为 0.5 m，以减少挖层孔壁的暴露时间，及时进行护壁混凝土灌注。当孔壁塌落，有泥砂流入而不能形成桩孔时，可用编织袋装土逐渐堆起，形成桩孔的外壁，并保证内壁尺寸满足设计要求。

B. 流砂情况较严重时

常用的办法是下钢套筒，钢套筒与护壁用的钢模板相似，以孔外径为直径，可分成 4 ~ 6 段圆弧，加上适当的肋条，相互用螺栓或钢筋环扣连接，在开挖 0.5 m 左右，即可分片将套筒装入，深入孔底不小于 0.2 m，插入上部混凝土护壁外侧不小于 0.5 m，装后即支模浇注护壁混凝土。若放入套筒后流砂仍上涌，可采取突击挖出后即用混凝土封闭孔底的方法，待混凝土凝结后，将孔心部位的混凝土凿开以形成桩孔。也可用该方法，直至已完成的混凝土护壁的最下段，使孔位倾斜至下层护壁以外，打入浆管，压注水泥浆，使下部土壤硬结，提高周围及底部土壤的不透水性，以解决流砂质量问题。

④ 在遇到淤泥等软弱土层时，一般可用木方、木板等支挡，并缩短这一段的开挖深度，及时浇注混凝土护壁。每次支挡的木方、木板要沿周边打入底部不小于 0.2 m 深，上部嵌入上段已浇好的混凝土护壁后面，可斜向放置，双排布置互相反向交叉，能达到很好的支挡效果。

⑤ 除做好护壁工程外，还应配备一定的排水设备，以备使用。

（2）桩基灌注质量不好

1）质量问题及现象

混凝土出现离析，混凝土强度不足。

2）原因分析

① 混凝土原材料及配合比有问题，或搅拌时间不足。

② 灌注混凝土时未用串筒，或串筒口距混凝土面的距离过大（大于 2 m），有时在孔口将混凝土直接倒入孔中，造成砂浆和骨料离析。

③ 在孔内有水时，未抽干水就灌注混凝土。应该采用水下灌注混凝土时，采用了干浇法施工，造成桩身混凝土严重离析。

④ 灌注混凝土时未能将护壁的漏水堵住，致使混凝土表面积水较多，而未清除积水就继续灌注混凝土，或采用水桶排水，结果连同水泥浆一同排出，造成混凝土胶结不良。

⑤ 局部需排水挖孔时，在灌注某一桩身混凝土的同时或混凝土未初凝前，附近的桩孔挖孔工作未停止，继续挖孔抽水，且抽水量较大，导致地下水将该孔桩身混凝土中的水泥浆带走，严重时混凝土呈散粒状态，只见石料不见水泥浆。

3）预防措施

① 必须使用合格的原材料，混凝土的配合比必须由具有相应资质的试验室配制或进行抗压试验，以保证混凝土的强度达到设计要求。

② 采用干浇法施工时，必须使用串筒，且串筒口距混凝土面小于 2.0 m。

③ 当孔内水位的上升速度超过 1.5cm/min 时，可采用水下混凝土灌注法进行桩身混凝土的灌注。

④采用降水挖孔时，在灌注混凝土时或混凝土未初凝前，附近的挖孔施工应停止。

⑤桩身混凝土强度达不到设计要求时，可进行补桩。

（3）墩柱外观质量差

1）质量问题及现象

梁体不顺直，梁底不平整、不光洁，梁两侧模板拆除后发现侧面气泡多，粗糙。

2）原因分析

①模板（包括钢模和木模）本身纵向不顺直。

②梁底模没有清除干净，底模表面采用锌铁皮、塑料布或薄胶板时容易出现皱折。

③制作木模板的材质较差，钢模板或木模板刚度不够，混凝土浇筑过程中变形过大。

④隔离剂不好或涂刷不均。

3）预防措施

①梁的侧模在制作时，要做到顺直。

②侧模强度和刚度要进行验算，尽量采用刚度较大的截面形式。

③梁的底模尽量采用5mm以上的厚钢板，在浇筑混凝土时，清扫干净。

④梁的外露面涉及美观需要，因此要保证模板表面的平整光洁，采用钢模板时，应将模板清洁干净；采用木模板时，要在木模板表面包铁皮或防水胶合板，尽量不用木模板。

⑤在支架上现浇梁板时，支架必须安装在坚实的地基上，并应有足够的支承面积，以保证所浇筑的梁板不下沉。应有排水设施，防止地基被水泡软，导致支架下沉。

⑥后张拉预应力梁板的底模设置，应考虑到张拉时梁的中间拱起，两端产生集中反力，因此两端地基必须进行加强处理。

⑦设置土底模的板梁，其侧模必须安装在坚实、平整的地坪模上。

⑧采用木模板时，若不能马上浇筑混凝土，气候干燥时须浇水保湿，以防模板收缩开裂、变形。在浇筑混凝土前，必须重新校核各部位尺寸。

⑨模板安装后，应检查拼缝处是否有缝隙，若有缝隙，一般采用泡沫塑料条或胶带条等密封，以防漏浆。

（4）现浇梁体蜂窝麻面

1）质量问题及现象

支架变形，梁底不平，梁底下挠，梁侧模走动，拼缝漏浆，接缝错位，梁的线形不顺直，混凝土表面毛糙、污染或底板振动不实，出现蜂窝麻面，箱梁腹板与翼缘板接缝不整齐。

2）原因分析

①支架设置在不稳定的地基上。

②支架完成后，浇筑混凝土前未做预压，产生不均匀沉降。

③梁底侧模支撑格栅铺设不平整、不密实，底模与格栅不密贴，梁底模高程控制不准。

④梁侧模的纵、横支撑刚度不够，未按侧模的受力状况布置对拉螺栓。

⑤模板拼接不严密，嵌缝处理不好。

⑥底模不清洁，有污染、杂物，影响混凝土流动和密实。

3）预防措施

① 支架应设置在经过加固处理的具有足够强度的地基上，地基表面应平整，支架材料和杆件设置应有足够的刚度和强度，支架立杆下宜垫混凝土板块，或浇筑混凝土地梁，以增加立柱与地基上的接触，支架的布置应根据荷载状况进行计算，支架完成后要进行预压，以保证混凝土浇筑后支架不下沉、不变形。

② 在支架上铺设的梁底模格栅要与支架梁密贴，底模与格栅垫实，在底模铺设时考虑预拱度。

③ 梁侧模纵、横向支撑，要根据混凝土的侧压力合理布置，并设置足够的对拉螺栓。

④ 模板材料强度、刚度符合要求。

⑤ 底模必须光洁，涂机油。

（5）混凝土表面裂缝

1）质量问题及现象

由于混凝土的养护不到位，造成浇筑后的混凝土表面出现干缩裂纹，特别是大体积混凝土的外露面，以及大面积裸露的混凝土，严重的，会影响混凝土的强度增长，造成混凝土强度不合格；气温低时，无法保证混凝土的强度；混凝土强度未形成时，使其承受荷载，混凝土受到破坏。

2）原因分析

① 对混凝土养护未引起高度重视。

② 高温干燥时，施工现场缺少养护用水。

③ 未采取覆盖养护措施。

④ 养护时间不够。

⑤ 混凝土强度达到 2.5MPa 前，承受行人、模板、支架等荷载。

⑥ 气温低时，升温保温措施不到位、不正确。

3）预防措施

① 对一般混凝土，在浇筑完成后，应在收浆后尽快予以覆盖和洒水养护。对于干硬性混凝土、炎热天气浇筑的混凝土以及桥面等大面积裸露的混凝土，在浇筑完成后应立即加设遮阳棚罩，待收浆后予以覆盖和洒水养生。覆盖时不得损伤或污染混凝土的表面。

② 混凝土有模板覆盖时，应在养护期间经常使模板保持湿润。

③ 混凝土的洒水养护时间，一般为 7 天，可根据空气的湿度、温度和掺用外加剂等情况，酌情延长或缩短。洒水次数，以能保持混凝土表面经常处于湿润状态为度。

④ 当气温低于 5℃时，应采取覆盖保温措施，不得向混凝土面上洒水。

⑤ 在混凝土强度达到 2.5MPa 前，不得使其承受行人、运输工具、模板、支架等荷载。

⑥ 可采用塑料薄膜或喷化学浆液等保护层措施。

⑦ 冬期养护混凝土时，应按冬期施工有关规范执行。

（6）大体积现浇梁外观质量差

1）质量问题及现象

现浇箱梁底面外观不良，表现在模板接缝错台，混凝土有黑色油污、不光洁，混凝土表面有皱纹。

2）原因分析

①底模接缝处结合不牢固、不密贴。

②施工废机油作为脱模剂。

③在底模上面铺塑料布代替脱模剂。

3）预防措施

①底模一定要牢固，接缝要平整密贴，预制T梁、空心板梁或箱梁的底模，最好采用 5mm 的钢板；浇筑混凝土前，将底模清扫干净，并涂以纯净的脱模剂。现浇箱梁宜采用组合钢模板直接作为底模板，但缝隙要密贴。

②施工中杜绝使用废机油或其他不纯洁的脱模剂。

③在底模上铺塑料布容易导致皱纹，严重时会出现较深的纹沟，实践证明这种措施是失败的，若想使底面光洁平整，宜采用厚塑料板（地板革）或钢板。

（7）桥面平整度达不到质量标准

1）质量问题及现象

①外观可见坑洼不平，雨后有水洼。

②桥面平整度超过规定值。

2）原因分析

①混凝土材料规格要求不严，配合比不准。

②未使用有效的机械施工，而是采用人工找平，操作不当。

③施工时，混凝土面板上洒水、撒水泥粉，烈日曝晒或干旱风吹时无遮阳棚。

④没有控制好标高，或未按控制标高施工。

⑤抹面时间控制不当，混凝土水灰比控制不严，坍落度过大，表面浮浆过多，干缩后出现洼迹。

3）预防措施

①应采用机械摊铺施工。

②严格控制混凝土材料规格、配合比和水灰比。

③人工摊铺混凝土时，严禁直接从高处倾倒混合料，以防离析；必须按控制标高施工，要随时检查模板有无下沉、变形或松动。

④采用振捣梁振捣每一位置的持续振捣时间，应以混合料停止下沉、不再冒气泡并泛出砂浆为准，不能过振，防止漏浆。

⑤表面整平时，严禁用砂浆、水泥浆找平。

⑥做好混凝土养生工作，达不到设计强度要求不允许开放通车。

4）处理措施

对坑洼严重部位进行规则切缝、凿除后用混凝土找平（厚度不小于 7cm），加铺沥青混凝土。

（8）桥面出现横向裂纹

1）质量问题及现象

桥面断续有横裂纹。

2）原因分析

①连续桥面伸缩缝处的无粘结筋失效，或与桥面隔离效果不成功，伸缩缝混凝土产

生无规则裂缝。

②墩台不均匀下沉，拉裂桥面铺层。

③预应力混凝土连续梁负弯矩区上沿受拉，致使桥面铺装产生水平裂缝。普通混凝土与预应力混凝土交接处易产生裂缝；预应力锚固区易产生裂缝。

④弯、坡、斜桥的桥面铺装受力复杂，易开裂。

⑤桥面伸缩缝不够平整，高速重载车的冲积和破坏力超过混凝土的承载力，出现裂缝。

⑥水泥的水化热高，收缩性大。

⑦横向连接钢板未焊接。

3）预防措施

①桥面连续结构要符合设计，确保无粘结筋的效应和隔离措施的效果。

②对于连续梁负弯矩区引起的铺装破坏，应在铺装层以下设置沥青隔离层，使连续梁与桥面铺装分离，加强负弯矩区的钢筋网和受力钢筋。

③桥面连续不宜过长，以五孔一联为宜，对于弯、坡、斜这三种特殊桥型宜三孔一联且长度不超过100m。

4）处理措施

①连续桥面伸缩缝处出现裂缝时，可采用沥青灌缝，防止漏水。

②对于桥头处、伸缩缝处的裂缝，应及时处理桥头跳车，更换伸缩缝。

③对墩台下沉情况，应采取措施控制继续下沉，将裂缝处切割或凿毛处理并加剪力键，加粗加密桥面铺装钢筋，浇筑强度高的混凝土或钢纤维混凝土。

（9）桥头跳车（图3.8）

1）质量问题及现象

①桥头处路基沉陷，路面出现凹形。

②车辆行驶到桥头发生明显的颠簸。

2）原因分析

①桥头路堤及锥坡范围内地基填前处理不彻底。

图3.8　严重的桥头跳车

② 台后压实度达不到标准，高填土引道路堤本身出现压缩变形。

③ 路面水渗入路基，使路基土软化，水土流失，造成桥头路基引道下沉。

④ 工后沉降大于设计容许值。

⑤ 台后填土材料不当，或填土含水量过大。

3）预防措施

① 重视桥头地基处理，把桥头台背填土列入重点工程部位，制订合理的台背填土施工工艺。桩基础的台背填土可以先填土再浇盖梁。

② 改善地基性能，清除填土范围内的种植土、腐殖土等杂物，填前压实到位，提高承载力，减小差异沉降。

③ 提高桥头路基压实度，有针对性地选择台背填料，如透水性好、后期压缩变形小的砂砾石或容重小、稳定性好的粉煤灰、炉渣等，在缺少沙石的地区可用石灰土、水泥土等作填料，或采用轻质的流态粉煤灰进行填筑。

④ 做好桥头路堤的排水、防水工程；设置桥头搭板，其长度可根据填土高度和土后沉降值大小而定，适当加长搭板长度。

⑤ 优化设计方案，采用新工艺加固路堤，如根据地质情况，采用热塑土工格栅、粉喷桩、强夯等。

4）处理措施

① 沉陷较轻，面积不大（凹深小于4cm），基层没有破坏的，可采用沥青混凝土填补找平。

② 沉陷较重，面积较大，基层出现破坏的，清除已破坏的旧基层，采用刚性、半刚性基层（长度范围宜大些），重铺沥青混凝土。

③ 基层未破坏，整体范围下沉较大、变化较快的，可采用粉喷桩灌注基底，然后面层找平。

④ 对因为防护不当，水毁造成的基础掏空等情况产生的沉陷，应视具体情况先将破坏根源处理好，然后采取相应措施处理基层和面层。

3.5.3 城市隧道（盾构）工程质量通病

（1）盾构进、出洞过程中的质量通病

1）盾构基座变形（图3.9）

① 现象

盾构进、出洞过程中，盾构基座发生变形；出洞时，盾构掘进轴线偏离设计轴线，有时会影响洞圈止水效果，进洞时拉坏管片，造成渗漏水、碎裂、高差等，严重的还将影响盾构正常进、出洞，甚至不能进、出洞。

② 预防措施

A.选用盾构基座时，基座框架结构的强度和刚度应满足盾构进出洞需要，尤其应考虑到盾构出洞时土体加固区所形成的推力。

B.盾构基座的底面与井的底板之间要垫平、垫实，保证接触面积满足基座安放要求。

C.盾构基座如需多次使用，应及时做好保养及修理工作，确保其应有的强度和刚度（图3.10）。

图 3.9　盾构基座变形

图 3.10　顶进基座

2）凿除钢筋混凝土封门产生涌土

① 现象

在拆除封门过程中，洞门前方土体从封门间隙涌入工作井（接收井）内（图 3.11）。

② 预防措施

A. 根据现场土质状况，制订合理的土体加固方案，并在拆封门前设置观察孔，检测加固效果，以确保在土体加固效果良好的情况下拆封门（图 3.12）。

图 3.11　盾构涌土

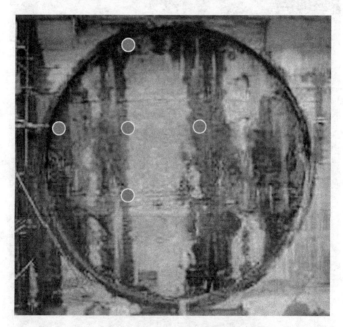

图 3.12　封门观测

B. 布置井点降水，将地下水位降至能保证安全出洞的水位。

C. 根据封门的实际尺寸，制订合理的封门拆除工艺，施工安排周详，确保拆除封门时安全、快速。

3）盾构出洞段轴线偏离

① 现象

盾构出洞段的推进轴线上浮或"磕头"，偏离隧道设计轴线较大。

② 预防措施

A. 正确设计出洞口土体加固方案，采用合理的加固方法，达到所需的加固强度，保证加固土体的强度均匀。

B. 施工过程中正确地设定盾构正面平衡土压。

C. 及时安装上部后盾支撑，改变推力的分布状况，防止盾构上浮。

D. 正确操作盾构，按时保养设备，保证机械设备的功能完好。

4）盾构进出洞时洞口土体大量流失

① 现象

进出洞时，大量的土体从洞口流入井内，造成洞口外侧地面大量沉降。

② 预防措施

A. 洞口土体加固应保证加固后土体的强度和均匀性。

B. 洞口封门拆除前应充分做好各项进、出洞的准备工作。

C. 洞门密封圈安装要准确，在盾构推进的过程中要注意观察，防止盾构刀盘的周边刀割伤橡胶密封圈，密封圈可涂牛油增加润滑性。

D. 洞门的扇形钢板要及时调整，改善密封圈的受力状况。

E. 泥水加压平衡盾构出洞，需要设计强度高、密封性好、可调节凸出预留注浆孔的洞门密封形式。

F. 盾构进洞时要及时调整密封钢板的位置，及时封好洞口。

G. 盾构在进洞口时，要降低正面的平衡压力。

（2）盾构掘进过程中的质量通病

1）地面隆起

① 现象

盾构推进过程中，由于正面阻力过大造成盾构推进困难和地面隆起变形。

② 预防措施

A. 盾构刀盘的进土开口率偏小，进土不畅通。

B. 盾构正面地层土质发生变化。

C. 盾构正面遭遇较大块状的障碍物。

D. 推进千斤顶内泄漏，达不到最高额定油压。

E. 正面平衡压力设定过大。

2）盾构掘进轴线偏差

① 现象

盾构掘进过程中，盾构推进轴线过量偏离隧道设计轴线，影响管片成环的轴线。

② 预防措施

A. 正确设定平衡压力，使盾构的出土量与理论值接近，减少超挖与欠挖现象，控制好盾构的姿态。

B. 盾构施工进程中经常校正、复测及复核测量基站。

C. 发现盾构姿态出现偏差时应及时纠偏，使盾构沿着隧道设计轴线前进。

D. 盾构处于不均匀土层中时，适当控制推进速度，多用刀盘切削土体，减少推进时的不均匀阻力，也可以采用向开挖面注入泡沫或膨润土的办法改善土体，使推进顺利。

E. 当盾构在极其软弱的土层中施工时，应掌握推进速度与进土量的关系，控制正面土体的流失。

F. 拼装落底块管片前应对盾壳底部的垃圾进行清理，防止杂质夹杂在管片间。

G. 保证浆液的搅拌质量和注入量。

3）地面冒浆

① 现象

在泥水平衡盾构施工过程中，盾构切口前方地表出现冒浆。

② 预防措施

A. 在冒浆区适当加"被"，即用黏土覆盖。

B. 严格控制开挖面泥水压力，在推进过程中要求手动控制开挖面泥水压力。

C. 严格控制同步注浆压力，并在注浆管路中安装安全阀，以免注浆压力过高。

D. 适当提高泥水各项质量指标。

（3）管片拼接质量通病

1）管片环面与隧道设计轴线不垂直

① 现象

拼装完成后的管片迎千斤顶一侧环面与盾构推进轴线垂直度偏差超出允许范围，造成下一环管片拼装困难，影响盾构推进轴线的控制。

② 预防措施

A. 拼装时做好清理工作，防止杂物夹杂在管片环缝间。

B. 尽量多开启千斤顶，使盾构纠偏的力均匀。

C. 施工中经常测量管片环面的垂直度，并与轴线比较，发现误差后及早安排制作楔子，以纠正环面，使其与轴线垂直。

D. 提高纠偏楔子的粘贴质量。

E. 检查止水条的粘贴情况，保证止水条粘贴可靠。

2）管片环高差过大

① 现象

拼装完成的两环管片间内弧面不平，环高差过大。

② 预防措施

A. 将管片在盾构内居中拼装，使管片不与盾壳相碰。

B. 保证管片拼装的整圆度。

C. 纠正管片环面与隧道轴线的不垂直度。

D. 及时、充足地进行同步注浆，用同步注浆的浆液将管片托住，减小环间高差。

E. 严格控制盾构推进轴线和盾构姿态，确保管片能拼装在理想的位置上。

3）管片椭圆度过大

① 现象

拼装完成的管片的水平直径和垂直直径相差过大，导致椭圆度超过标准。

② 预防措施

A. 采用楔子环管片调整隧道的轴线，使管片的拼装位置处在盾尾的中心。

B. 控制盾构纠偏，使管片能在盾尾内居中拼装。

C. 待管片脱出盾尾后，由于四周泥土的挤压力近似相等，使椭圆形管片逐渐恢复圆形，此时对管片的环向螺栓进行复紧，使各块管片的连接可靠。

（4）管片防水质量通病

1）管片压浆孔渗漏（图 3.13）

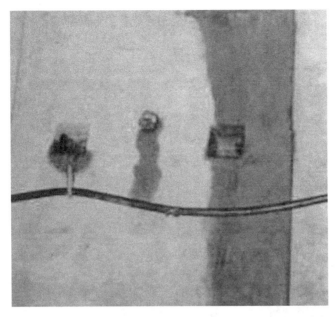

图 3.13　压浆孔渗漏

① 现象

管片压浆孔周围有渗漏水渍，压浆孔周围混凝土有钙化斑点。

② 预防措施

A. 用扳手拧紧压浆孔的闷头。

B. 在闷头的丝口上缠生料带等材料，以起到止水的作用。

2）管片接缝渗漏（图 3.14）

图 3.14　管片接缝渗漏

① 现象

地下水从已拼装完成管片的接缝中渗漏进入隧道。

② 预防措施

A.提高管片的拼装质量，保证管片的整圆度和止水条的正常工况，提高纵缝的拼装质量（图 3.15）。

图 3.15　管片接缝处理

B.运输过程中造成的管片损坏，应在贴止水条以前修补好；在推进或拼装过程中因管片与盾壳相碰而被挤坏的管片，应原地修补，以对止水条起保护作用。

C.控制衬垫的厚度，在贴过衬垫处的止水条上应按规定加贴一层遇水膨胀橡胶条。

D.粘贴止水条时应严格按照规程进行操作，清理止水槽、胶水不流淌以后才能粘贴止水条。

E.止水条须检验合格方能使用。

F.加强对管片的保护，在施工现场设置雨棚，或对膨胀性止水条涂缓膨胀剂，确保止水条的质量。

（5）隧道注浆质量通病

1）沿隧道轴线地面变形量过大

① 现象

沿隧道轴线地面变形量过大，引起地面建筑物及地下管线损坏（图 3.16）。

② 预防措施

A.正确确定注浆量和注浆压力，及时、同步地进行注浆。

B.注浆应均匀，根据推进速度的快慢适当地调整注浆的速率，尽量做到与推进速度相符。

C.提高拌浆的质量，保证压注浆液的强度。

图 3.16 地面变形

D. 推进时，经常地压注盾尾密封油脂，保证盾尾钢丝刷具有密封功能。

2）注浆管堵塞

① 现象

注浆时，浆管堵塞无法注浆，甚至发生浆管爆裂的情况，严重影响施工质量和进度。

② 预防措施

A. 每次注浆结束都应清洗浆管，清洗浆管时，不能将清洗球遗漏在管路内，以免引起更严重的堵塞。

B. 注意调整注浆泵的压力，保证两种浆液压力和流量的平衡。

C. 对于管路中存在清洗球清洗不到的分叉部分，应经常拆除分叉进行清洗。

3.5.4 管道工程质量通病

（1）管道位置偏移

1）产生原因

测量差错，施工走样和意外地避让原有构筑物，在平面上产生位置偏移，立面上产生积水甚至倒坡现象。

2）预防措施

① 施工前认真按照施工测量标准进行交接桩复测与保护。

② 施工放样要结合水文地质条件，按照埋置深度和设计要求以及有关规定进行，且必须进行复测，检验其误差符合要求后才能交付施工。

③ 施工时严格按照样桩进行，沟槽和平基要做好轴线和纵坡测量验收。

④ 施工过程中如意外遇到构筑物须避让时，应在适当的位置增设连接井（图 3.17），其间以直线连通，连接井转角应大于 135°。

图 3.17　管道连接井

（2）管道渗漏水

1）产生原因

基础不均匀下沉，管材及其接口施工质量差，闭水段端头封堵不严密，井体施工质量差等，均可导致漏水现象。

2）防治措施

① 管道基础条件不良将导致管道和基础出现不均匀沉陷，造成局部积水，严重时会出现管道断裂或接口开裂。因此要求：

A.认真按设计要求施工，确保管道基础的强度和稳定性。当地基地质水文条件不良时，应进行换土改良处治，以提高基槽底部的承载力。

B.如果槽底土壤被扰动或受水浸泡，应先挖除松软土层，超挖部分用杂砂石或碎石等稳定性好的材料回填密实。

C.地下水位以下开挖土方时，应采取有效措施做好坑槽底部排水降水工作，确保干槽开挖，必要时可在坑槽底预留 20cm 厚土层，待后续工序施工时随挖随清除。

② 管材质量差，存在裂缝或局部混凝土松散，抗渗能力差，容量导致漏水。因此要求：

A.所用管材具备质量部门提供的合格证或力学试验报告等资料。

B.管材外观质量要求表面平整，无松散、露骨、蜂窝及麻面形象。

C.安装前再次逐节检查，对已发现或有质量疑问的应责令退场或经有效处理后方可使用。

③ 管接口填料及施工质量差，管道在外力作用下将产生破损或接口开裂。因此要求：

A.选用质量良好的接口填料，并按试验配合比以及合理的施工工艺组织施工。

B.施工时，接口缝内要洁净，必要时应凿毛处理，再按照施工操作规程认真施工。

④ 检查井施工质量差，井壁及其与连接管的结合处易渗漏。因此要求：

A.检查井砌筑砂浆要饱满，勾缝饱满不遗漏；抹面前清洁和湿润表面，抹面时及时压光收浆并养护；遇有地下水时，抹面和勾缝应随砌筑及时完成，不可在回填以后再进行内抹面或内勾缝。

B. 与检查井连接的管外表面应先湿润，均匀刷一层水泥原浆，并坐浆就位后再做好内外抹面，以防渗漏。

⑤ 规划预留支管封口不密实，因其在井内而常被忽视，如果采用砌砖墙封堵时，应注意做好以下几点：

A. 砌筑前应把管口 0.5m 左右范围内的管内壁清洗干净，涂刷水泥原浆，同时把所用的砖块润湿备用。

B. 砌筑砂浆强度等级应不低于 M7.5，且应有良好的稠度。

C. 勾缝和抹面用的水泥砂浆强度等级不低于 M15，管径较大时应内、外双面勾缝或抹面，较小时只做外单面勾缝或抹面。抹面应按防水的 5 层施工法施工。

D. 一般情况下，在检查井砌筑之前进行封砌，以利保证质量。

⑥ 闭水试验是对管道施工和材料质量进行的全面检验，难免出现少数几次不合格现象，这时应先在渗漏处一一做好记号，排干管内水后进行认真处理。对细小的缝隙或麻面渗漏，可采用水泥浆涂刷或防水涂料涂刷，较严重的应返工处理，严重的渗漏除了更换管材、重新填塞接口外，还可请专业技术人员处理，处理后再做试验，如此重复进行直至闭水试验合格（图 3.18）。

图 3.18　雨水管道施工

（3）检查井变形、下沉

1）产生原因

井盖质量和安装质量差，井内爬梯安装随意性太大，影响外观及其使用质量。

2）防治措施

① 认真做好检查井的基层和垫层，防止井体下沉。

② 检查井砌筑时应控制好井室和井口中心位置及其高度，防止井体变形。

③ 检查井井盖与井座要配套；安装时坐浆要饱满；轻、重型号和面底不错用，控制好上、下第一步的位置，偏差不要太大，平面位置准确（图 3.19）。

图 3.19　管道检查井

（4）回填土沉陷

1）产生原因

检查井周边回填不密实，不按要求分层夯实，填料质量欠佳、含水量控制不好等，影响压实效果，工后造成过大的沉降（图 3.20）。

图 3.20　管道局部沉陷

2）预防与处治措施

①预防措施

A. 管槽回填时，必须根据回填的部位和施工条件选择合适的填料和压（夯）实机械，如主干道下的排水等设施的坑槽回填用杂砂石。管槽从胸腔部位填至管顶 30cm，再灌水振捣至相对密度 ≥ 0.7，实践证明效果很好。

B. 沟槽较窄时可采用人工或蛙式打夯机夯填。不同的填料、不同的填筑厚度，应选用不同的夯压器具，以取得最经济的压实效果。

C. 填料中的淤泥、树根、草皮及其腐植物既影响压实效果，又会在土中干缩、腐烂形成孔洞，这些材料均不可作为填料，以免引起沉陷。

D. 控制填料含水量大于最佳含水量 2% 左右；遇地下水或雨后施工时，必须先排干水再分层随填随压密实。

② 处治措施

根据沉降破坏程度采取相应的措施：

A. 不影响其他构筑物的少量沉降可不做处理或只做表面处理，如沥青路面上可采取局部填补以免积水。

B. 如造成其他构筑物基础脱空破坏的，可采用泵压水泥浆填充。

C. 如造成结构破坏的，应挖除不良填料，换填稳定性能好的材料，经压实后再恢复损坏的构筑物。

3.6　竣工质量验收

项目竣工质量验收是施工质量控制的最后一个环节，是对施工过程质量控制成果的全面检验，是从终端把关方面进行质量控制。未经验收或者验收不合格的工程，不得交付使用。

3.6.1　竣工质量验收的依据

（1）国家相关法律、法规，建设主管部门颁布的管理条例和办法。

（2）市政工程施工质量与验收标准。

（3）专业工程施工质量验收标准。

（4）经批准的设计文件、施工图纸及说明书。

（5）工程施工承包合同。

（6）其他相关文件。

3.6.2　竣工验收条件

（1）完成工程设计和合同约定的各项内容。

（2）施工单位在工程完工后对工程质量进行了检查，确认工程质量符合有关法律、法规和工程建设强制性标准，符合设计文件及合同要求，并提出工程竣工报告。工程竣工报告应经项目经理和施工单位有关负责人审核签字。

（3）对于委托监理的工程项目，监理单位对工程进行了质量评估，具有完整的监理资料，并提出工程质量评估报告。工程质量评估报告应经总监理工程师和监理单位有关负责人审核签字。

（4）勘察、设计单位对勘察、设计文件及施工过程中由设计单位签署的设计变更通知书进行了检查，并提出质量检查报告。质量检查报告应经项目勘察、设计负责人和勘察、设计单位有关负责人审核签字。

（5）有完整的技术档案和施工管理资料。

（6）有工程应用主要市政材料、市政构配件和设备的进场试验报告，以及工程质量检测和功能性试验资料。

（7）建设单位已按合同约定支付工程款。

（8）有施工单位签署的工程质量保修书。

（9）建设主管部门及工程质量监督机构责令整改的问题全部整改完毕。

（10）法律、法规规定的其他条件。

3.6.3 竣工质量验收的程序

（1）工程完工并对存在的质量问题整改完毕后，施工单位向建设单位提交工程竣工报告，申请工程竣工验收。实行监理的工程，工程竣工报告须经总监理工程师签署意见。

（2）建设单位收到工程竣工报告后，对符合竣工验收要求的工程，组织勘察、设计、施工、监理等单位组成验收组，制定验收方案。对于重大工程和技术复杂工程，根据需要可邀请有关专家参加验收组。

（3）建设单位应当在工程竣工验收7个工作日前将验收的时间、地点及验收组名单书面通知负责监督该工程的工程质量监督机构。

（4）建设单位组织工程竣工验收：

① 建设、勘察、设计、施工、监理单位分别汇报工程合同履约情况和在工程建设各个环节执行法律、法规和工程建设强制性标准的情况。

② 审阅建设、勘察、设计、施工、监理单位的工程档案资料。

③ 实地查验工程质量。

④ 对工程勘察、设计、施工、设备安装质量和各管理环节等方面作出全面评价，形成经验收组人员签署的工程竣工验收意见。参与工程竣工验收的建设、勘察、设计、施工、监理等各方不能形成一致意见时，应当协商提出解决的方法，待意见一致后，重新组织工程竣工验收。

3.6.4 竣工验收报告和备案

（1）竣工验收报告

工程竣工验收合格后，建设单位应当及时提出工程竣工验收报告。工程竣工验收报告主要包括工程概况，建设单位执行基本建设程序情况，对工程勘察、设计、施工、监理等方面的评价，工程竣工验收时间、程序、内容和组织形式，工程竣工验收意见等内容（图3.21~图3.23）。

工程竣工验收报告还应附有下列文件：

1）施工许可证；

2）施工图设计文件审查意见；

3）本书第3.6.2节第（2）、（3）、（4）、（8）项规定的相关资料；

4）验收组人员签署的工程竣工验收意见；

5）法律、法规规定的其他有关文件。

（2）竣工验收备案

建设单位应当自市政工程竣工验收合格之日起15日内，向工程所在地的县级以上地方人民政府建设主管部门备案。

图 3.21　隧道工程贯通待验收

图 3.22　城市综合管廊工程竣工验收

图 3.23　城市快速路竣工验收

建设单位办理工程竣工验收备案应当提交下列文件：

1）工程竣工验收备案表；

2）工程竣工验收报告；

3）法律、法规规定应当由规划、环保等部门出具的认可文件或准许使用文件；

4）法律规定应当由公安消防部门出具的对大型人员密集场所和其他特殊市政工程验收合格的证明文件；

5）施工单位签署的工程质量保修书；

6）法规、法规规定的其他文件。

3.7 市政工程质量事故与处理

3.7.1 关于市政工程质量事故

（1）市政工程质量事故概论

工程质量事故，是指由于建设、勘察、设计、施工、监理等单位违反工程质量有关法律法规和工程建设标准，使工程产生结构安全、重要使用功能等方面的质量缺陷，造成人身伤亡或者重大经济损失的事故。

住建部《关于2018年房屋市政工程生产安全事故和建筑施工安全专项治理行动情况的通报》（以下简称《通报》）指出，2018年，全国共发生房屋市政工程生产安全事故734起、死亡840人，与上年相比，事故起数增加42起、死亡人数增加33人，同比分别上升6.1%和4.1%。

（2）事故特点

1）复杂性。影响工程质量的因素繁多，造成质量事故的原因错综复杂，即使是同一类质量事故，原因也可能多种多样，这使得对质量事故进行分析，判断其性质、原因及发展，确定处理方案与措施等都增加了复杂性及困难。

2）严重性。工程一旦出现质量事故，其影响往往较大。轻者影响施工顺利进行、拖延工期、增加工程费用；重者则会留下隐患，成为危险的市政设施，影响施工功能或不能使用；更严重的还会引起市政设施的失稳、倒塌，造成人民生命、财产的巨大损失。

3）可变性。许多市政工程的质量问题出现后，其状态并非稳定于发现的初始状态，有可能随着时间进程而不断地发展、变化。因此，有些在初始状态并不严重的质量问题，如不能及时处理和纠正，有可能发展成严重的质量事故。所以，在分析、处理工程质量事故时，一定要注意工程质量事故的可变性，应及时采取可靠的措施，防止事故进一步恶化，或加强观测与试验，取得数据，预测未来发展趋向。

4）多发性。市政工程中有些质量事故，在各项工程中经常发生，而成为多发性的质量通病。

3.7.2 工程质量事故分类

（1）分类标准

《生产安全事故报告和调查处理条例》（国务院令第493号）自2007年6月1日起

施行。市政工程质量事故的分类方法有多种，既可按造成损失严重程度划分，又可按其产生的原因划分，也可按其造成的后果或事故责任区分。国家对工程质量事故通常按造成损失严重程度进行分类。

（2）事故类别

1）按事故造成损失程度分级

① 特别重大事故。指造成 30 人以上死亡，或者 100 人以上重伤，或者 1 亿元以上直接经济损失的事故。

② 重大事故。指造成 10 人以上 30 人以下死亡，或者 50 人以上 100 人以下重伤，或者 5000 万元以上 1 亿元以下直接经济损失的事故。

③ 较大事故。指造成 3 人以上 10 人以下死亡，或者 10 人以上 50 人以下重伤，或者 1000 万元以上 5000 万元以下直接经济损失的事故。

④ 一般事故。指造成 3 人以下死亡或者 10 人以下重伤，或者 100 万元以上 1000 万元以下直接经济损失的事故。

注：以上包括本数，以下不包括本数。

2）按质量事故产生的原因分类

① 技术原因引发的事故。指在工程项目实施中由于设计、施工在技术上的失误造成的质量事故。

② 管理原因引发的事故。指由于管理上的不完善或失误引发的质量事故。

③ 社会经济原因引发的事故。指由于经济因素及社会上存在的弊端和不正之风导致建设中的错误行为而造成的质量事故。

3）按事故责任分类

① 指导责任事故。指由于工程指导或领导失误而造成的质量事故。

② 操作责任事故。指在施工过程中，由于操作者不按规程或标准实施操作而造成的质量事故。

③ 自然灾害事故。指由于突发的严重自然灾害等不可抗力造成的质量事故。

3.7.3　事故一般处理原则

（1）处理依据

1）质量事故的实况资料；

2）有关合同及合同文件；

3）有关技术文件和档案；

4）相关法规。

（2）处理程序

1）事故调查；

2）事故原因分析；

3）制订事故处理方案；

4）事故处理；

5）事故处理的鉴定验收。

（3）处理方法

1）修补处理；

2）加固处理；

3）返工处理；

4）限制使用；

5）不做处理（可不做处理的情况包括：①不影响结构安全，生产工艺和使用要求的；②后道工序可以弥补的质量缺陷；③经法定检测机构检测合格的；④出现质量缺陷，经检测鉴定达不到设计要求，但经原设计单位核算，仍能满足结构安全和使用功能的）；

6）报废处理。

3.8 市政工程质量控制小组

质量控制小组，即 QC（Quality Control）小组，由生产或工作岗位上从事各种劳动的职工，围绕企业的经营战略、方针目标和现场存在的问题，以改进质量、降低消耗、提高人的素质和经济效益为目的组织起来，运用质量管理的理论和方法开展活动的小组。QC 小组主要采用 PDCA 循环管理技术开展活动。

3.8.1 QC 小组活动程序

（1）课题选择

QC 小组活动课题选择，一般应：根据企业方针目标和中心工作；根据现场存在的薄弱环节；根据用户（包括下道工序）的需要。从广义的质量概念出发，QC 小组的选题范围涉及企业各个方面。因此，选题的范围是广泛的，概括为 10 个方面：提高质量；降低成本；设备管理；提高出勤率、工时利用率和劳动生产率，加强定额管理；开发新品，开设新的服务项目；安全生产；治理"三废"，改善环境；提高顾客（用户）满意率；加强企业内部管理；加强思想政治工作，提高职工素质。

（2）调查现状

为了解课题的状况，必须认真做好现状调查。在进行现状调查时，应根据实际情况，应用不同的 QC 工具（如调查表、排列图、折线图、柱状图、直方图、管理图、饼分图等），进行数据的搜集整理。

（3）确定目标值

课题选定以后，应确定合理的目标值。目标值的确定要注重目标值的定量化，使小组成员有一个明确的努力方向，便于检查，活动成果便于评价；注重实现目标值的可能性，既要防止目标值定得太低，小组活动缺乏意义，又要防止目标值定得太高，久攻不克，使小组成员失去信心。

（4）分析原因

对调查后掌握到的现状，要发动全体组员动脑筋、想办法，依靠掌握的数据，集思广益，选用适当的 QC 工具（如因果图、关联图、系统图、相关图、排列图等），进行分析，找出问题的原因。

（5）找出主要原因

经过原因分析以后，将多种原因，根据关键、少数和次要多数的原理进行排列，从中找出主要原因。在寻找主要原因时，可根据实际需要应用排列图、关联图、相关图、矩阵分析、分层法等不同分析方法。

（6）制订措施

主要原因确定后，制订相应的措施计划，明确各项问题的具体措施，要达到的目的，谁来做，何时完成以及检查人。

（7）实施措施

按措施计划分工实施。小组长要组织成员，定期或不定期地研究实施情况，随时了解课题进展，发现新问题要及时研究、调查措施计划，以达到活动目标。

（8）检查效果

措施实施后，应进行效果检查。效果检查是把措施实施前后的情况进行对比，看其实施后的效果是否达到了预定的目标。如果达到了预定目标，小组就可以进入下一步工作；如果没有达到预定目标，就应对计划的执行情况及其可行性进行分析，找出原因，在第二次循环中加以改进。

（9）制订巩固措施

达到预定的目标值，说明该课题已经完成。但为了保证成果得到巩固，小组必须将一些行之有效的措施或方法纳入工作标准、工艺规程或管理标准，经有关部门审定后纳入企业有关标准或文件。如果课题的内容只涉及本班组，可以通过班组守则、岗位责任制等形式加以巩固。

（10）分析遗留问题

小组通过活动取得了一定的成果，也就是经过了一个 PDCA 循环。这时候，应对遗留问题进行分析，并将其作为下一次活动的课题，进入新的 PDCA 循环。

（11）总结成果资料

小组对活动的成果进行总结，是自我提高的重要环节，也是成果发表的必要准备，同时，总结经验、找出问题，进入下一个循环。

以上步骤是 QC 小组活动的全过程，体现了一个完整的 PDCA 循环。由于 QC 小组每次取得成果后，能够将遗留问题作为小组下个循环的课题（如没有遗留问题，则提出新的打算），使得 QC 小组活动能够持久、深入地开展，推动 PDCA 循环不断前进。

3.8.2　杭州市紫之隧道 QC 小组活动案例

（1）项目简介

杭州市紫之隧道（紫金港路—之江路），长约 13.9m。建设规模为双向六车道，主线由三座隧道、两座桥梁组成。南、北口主线双向四车道进出洞，并各设置一对匝道，匝道为分离式双向两车道建设规模。隧道按锚喷构筑法设计，光面爆破，CRD 法，辅以超前地质预报、监控量测等信息化手段施工，全隧仰拱超前拱墙施作，拱墙二次衬砌。

（2）小组目标

提高长大隧道通风降尘效率，控制关键区段游离二氧化硅粉尘总量不大于 5.5mg。

（3）小组计划（表3.5）

小组计划进度安排表   表3.5

活动程序	活动时间	2016年1月						2016年2月						2016年3月						2016年4月					
		1	5	15	20	25	30	1	5	15	20	25	29	1	5	15	20	25	30	1	5	15	20	25	30
P	课题选择	▬																							
	现状调查	▬																							
	确定目标		▬																						
	原因分析			▬▬																					
	要因确认			▬▬																					
	制订措施					▬																			
D	措施实施								▬▬▬																
C	效果检查														▬										
A	成果整理、巩固																▬▬▬								

（4）改进措施（表3.6）

市政工程质量控制改进措施表   表3.6

序号	要因	对策	目标	措施	完成时间
1	降尘点制作偏差	检测制作精度，控制偏差	喷雾孔径及眼间距满足设计要求	加强降尘点制作环节检查、调试，重点控制眼间距、孔径等	施工全过程
2	水雾喷射速度低	提高水雾喷射速度	大于30m/s	提高风压（档位控制）、水压，增强混合雾化效果，提高喷速	施工全过程
3	粉尘未及时冲洗	及时冲洗路面及隧道轮廓面	地面及隧道轮廓面湿润	通道内每50m设置冲洗接口，出口处设置洗车槽，每2天冲洗1次	施工全过程

（5）小组成果

QC活动攻关中，小组成员团结协作，完成了预定目标，隧道施工粉尘得到了有效控制，极大地改善了作业环境。小组成员在解决问题能力、团队精神、质量意识、QC知识、进取精神方面都得到了有效提高。

第4章 市政工程进度控制

4.1 市政工程进度控制概述

4.1.1 市政工程进度控制基础

（1）市政工程进度控制的概念

1）市政工程进度控制的基本含义

施工项目进度控制与投资控制、质量控制一样，是项目施工中的重点控制之一。它是保证施工项目按期完成、合理安排资源供应、节约工程成本的重要措施。施工项目进度控制是指在既定的工期内，编制出最优的施工进度计划，在执行该计划的施工中经常检查，若出现偏差，便分析产生的原因和对工期的影响程度，找出必要的调整措施，修改原计划，如此不断地循环，直至工程竣工验收。

2）市政工程进度控制的目标

施工项目进度控制的总目标是确保施工项目的既定目标工期的实现，或者在保证施工质量和不因此增加施工实际成本的条件下，适当缩短施工工期。进度控制必须遵循动态控制原理，是对工程项目建设各阶段的工作内容、工作程序、持续时间和衔接关系，根据进度总目标及资源优化配置的原则编制计划并付诸实施，在进度计划的实施过程中经常检查实际进度是否按计划要求进行，对出现的偏差情况进行分析，采取补救措施或调整、修改原计划后再付诸实施，如此循环，直到市政工程竣工验收，交付使用。简单说，市政工程进度控制就是确保建设项目按预定的时间动用或提前交付使用。

3）施工建设中的工期控制任务

进度控制是对项目建设阶段的工作程序和持续时间进行规划、实施、检查、调查和管理等一系列活动的总称。其任务是针对建设项目的进度目标进行工期计算，是施工单位工程师根据工程建设项目的规模、工程量与工程复杂程度，建设单位对工期和项目投产时间的要求，资金到位计划和实现的可能性，主要进场计划，"市政安装工程工期定额"标准，工程地质、水文地质、建设地区气候等因素，进行科学分析后，设计明确的工程建设项目的最佳工期。

合同工期确定后，工程施工进度控制的任务，就是根据进度目标确定实施方案，在施工过程中进行控制和调整，以实现进度控制的目标。

4）市政工程进度控制特点分析

进度控制与质量控制、投资控制并列为工程项目建设的三大目标，三者之间互相依赖、互相制约，因此，应对三个目标全面、系统地加以考虑，正确处理好进度、质量和投资的关系，既要进度快，又要投资省、质量好。尤其对于一些投资较大的工程，进行有效的进度控制，确保进度目标的实现，常常会产生很大的经济效益。进度控制体现出以下特点：

① 进度控制目标的可分性。按建设程序常可分解为前期阶段进度目标、设计阶段进度目标和施工阶段进度目标。

② 进度计划管理的多层性。主要指建设单位、监理单位、设计单位和施工单位都有相应的进度计划管理。

③ 进度目标受建设活动持续时间的影响程度不同。建设活动持续时间越长，对建设进度影响越大。因此应首先控制持续时间较长的建设活动，并对不同持续时间的活动进行不同等级的控制。

④ 进度计划具有一定的风险性。由于建设工期长，影响因素多，进度计划的编制和实施都会遇到一定的风险。

（2）市政工程进度控制的意义和作用

1）保证工程按计划工期完成

市政工程进度计划是按经过细致测算的计划工期（目标工期）制定的。优良的工程进度控制，意味着保证了工程的建设推进，保持了一种符合实际、科学、合理、有序、优良的施工状态，施工进展没有受到大的干扰和影响，没有停工、窝工、返工现象，没有现场施工互相妨碍、冲突、纠纷现象，没有交织混乱、进退无序、无计划、无规矩的现象，现场施工井然有序，各个工种平行并进、条理清晰、互不干涉，工序衔接到位、及时。通过优化进度控制打下坚实工作基础，有利于按期完成施工任务，形成高效建设局面，取得优良建设成果。

2）促进落实市政工程安全、质量、成本控制目标

工程进度控制顺利优化进行是市政工程落实安全控制、质量控制、成本控制的重要前提和保障，试想，如果为了进度调整，不惜野蛮施工，一不小心就出安全事故，何来安全控制？为了进度调整，一拥而上，不按程序，不遵守施工工艺规程，何来质量控制？因此造成停工、窝工、返工损失，何来成本控制？

所以，抓好市政工程进度控制，让施工建设进展基本处于一种不快不慢、不慌不忙、井然有序的良性推进状态，才能事半功倍，真正提高效率，顺利达成建设控制目标。

3）节约成本造价的重要途径

通过高效的进度控制实施，不会造成工期延误，不会造成停工、窝工、返工损失，也不会出现匆忙调整进度、野蛮调整进度、胡乱调整进度的情形。就在有序、和谐、协调、高效、可持续的推进中，事干好了、干快了，钱反而省下来了。所以，科学合理、实事求是地严格控制进度是节约施工成本造价的重要途径，一定要高度重视，用好进度控制的各项措施。

4）争取质量效益、安全效益的有效手段

坚决制止胡乱调整进度，随意加夜班搞疲劳战、车轮战的情形，坚决制止野蛮施工，是严防安全、质量事故的前提和重要措施。连设计意图都没有弄清楚就匆忙上阵，很容易酿成大祸，造成严重损失。所以，一定要加强和优化进度控制，一定要让施工建设在有

序、平衡、和谐、协调、高效的状态、环境和条件下进行，进度控制是争取质量效益、安全效益的一个有效手段，一定要用好。

5）保证工程项目按时交付使用，提高项目经济效益

工程施工项目发挥经济效益的关键，是保证高质量的工程在合同规定的时间内竣工。工程项目能否在预定的时间内交付使用，直接关系到项目建设目标的最终完成，直接关系到项目建设效能的落实发挥，直接关系到项目经济效益的实现。一般来说，工程质量是根本，是保证其他目标实现的基础，是为工程投资创造前提条件的。工程建设项目必须严把质量关，严格按照施工要求进行材料检查，重视工程的复核工作，这样才不致返工，保证工程建设进度，减少不必要的成本支出。

4.1.2　工程项目进度控制的进度指标

进度控制的基本对象是工程项目，包括项目结构图上各个层次的单元，上至整个项目，下至各个工作包（有时直到最低层次网络上的工程活动）。项目进度状况通常是通过各项工程完成程度（百分比）逐层统计、汇总、计算得到的。进度指标的确定对进度的表达、计算、控制有很大影响。由于一个工程有不同的子项目、工作包，其工作内容和性质不同，必须挑选一个共同的、对所有工程活动都适用的计量单位。

（1）持续时间

工程活动或整个项目的持续时间是进度的重要指标。人们常用已经使用的工期与计划工期相比较，以描述工程完成程度。例如，计划工期 2 年，已经进行了 1 年，则工期已达50%；一个工程项目，计划持续时间为 30d，已经进行了 15d，则已完成 50%。但通常还不能说工程进度已达 50%，因为工期与进度的概念是不一致的。工程效率和速度不是线性关系，通常工程项目开始时工作效率很低，进度慢，到工程中期投入最大，进度最快，而后期投入又较少。所以工期达到一半，并不能表示进度达到了一半，何况在已进行的工期中还存在各种停工、窝工、干扰作用，实际效率远低于计划的效率。

（2）按工程进度的结果状态数量描述

主要针对专门的领域，其生产对象简单、工程项目简单，特别是当项目任务仅为这些分部工程时，以它们作指标比较反映实际。例如：

1）设计工作的资料数量（图纸、标准等）；

2）混凝土工程的体积（梁、墩、基础）；

3）设备安装的吨位；

4）管道、道路的长度；

5）预制件的数量或重量、体积；

6）运输量以吨或公里计；

7）土石方的体积或运载量等。

（3）已完成工程的价值量

即采用与已经完成的工作量相应的合同价格（单价）或预算价格计算。它将不同种类的分项工程统一起来，能够较好地反映工程的进度状况。这是常用的进度指标。

（4）资源消耗指标

最常用的有劳动工时、机械台班、成本的消耗等。它们有统一性和较好的可比性，即

各种活动直至整个项目都可用来作为指标，以统一分析尺度，但在实际工程中要注意如下问题：

1）投入资源数量和进度有时会有背离，会产生误导。例如，某活动计划需 100 工时，已用了 60 工时，则进度已达 60%，这仅是偶然的，计划劳动效率和实际效率不会完全相等。

2）由于实际工作量和计划经常有差别，即计划 100 工时，由于工程变更，工作难度增加，工作条件变化，应该需要 120 工时。现完成 60 工时，实质上仅完成 50%，而不是60%，所以只有当计划正确（或反映最新情况）并按预定的效率施工时，才得到正确的结果。

3）用成本反映工程进度是常见的，但有如下因素要剔除：

① 不正常原因造成的成本损失，如返工、窝工、停工等；

② 由于价格原因（如材料涨价、工资提高）造成的成本增加；

③ 考虑实际工程量、工程（工作）范围的变化造成的影响。

4.2 影响工程进度的因素分析

影响市政工程进度的不利因素有很多，其中，人为因素是最大的干扰因素。在工程建设过程中，常见的影响因素分析如下。

（1）参与方因素

指参与到项目的相关单位及协作单位的影响。相关单位及协作单位的影响可分为项目外部与项目内部两方面的影响，从外部来讲，建设单位，设计顾问，水、电供应部门及政府的有关主管部门，都可能给工程建设造成困难而影响施工进度，有关部门或建设单位对设计方案的变动也是经常发生和影响最大的因素；从内部来讲，任何一个专业分包商的延误都可能造成整个工期的落后。

1）建设单位因素

如与建设单位沟通不够，建设单位决策多变，对一些并不影响大局的细节过于计较，提出一些不合工程实际的计划甚至苛刻要求等，极容易出现决策混乱的问题，导致进度控制前后不一、变化多端的混乱情形。

2）相关参与方

包括施工、勘察、设计及监理单位，还有材料供应、设备供应及相关协作单位等，如果这些单位出现延误、管理协调差、处理不及时甚至违约等情况，将不可避免地对工程进度产生不利影响乃至严重危害。

（2）组织管理混乱，协调不力

1）施工组织不合理、劳动力和施工机械调配不当、设备材料供应不及时、施工路线安排不周等，都将影响施工计划的执行。

2）工程项目前期（可行性研究论证、初步设计等）工作不足而匆忙推进。

3）勘察设计因素，包括出现设计缺陷或工作错误、疏漏等，造成设计反复变更、工程返工修补缺陷的非正常情况，导致进度延误、费用损失。

4）施工及技术因素，包括施工方案、工艺不当，技术失误等。对项目中应用的新技术、新材料尤其要重视，如采用技术措施不当而造成质量事故等，会严重影响施工进度。

5）材料、设备因素，包括采购延误、购置合同履约不当或履约困难等。

6）组织管理因素。存在人浮于事、机构职责不清、部门结构有交叉重叠现象等；遇事不知向谁请示、向谁汇报、谁来拍板、谁来负责。

（3）资金及环境因素影响

1）资金因素

如资金紧张甚至资金链中断等。本来是建设项目立项时就应该充分考虑的问题，但往往在工程建设开始后，后续资金无法到位，导致项目停工或破产。

2）自然环境因素

自然环境、气候环境复杂多变，应对准备如果不足将造成严重损失。

3）社会环境因素

包括政策制度环境变化，金融、税收、工商管理政策不顺，地区贫困、民族矛盾等，以及土地房屋征收问题、信访问题、维稳问题、网络舆论导向问题等，需谨慎应对。

（4）施工现场条件变化异常

主要指施工现场出现异于平常的相对突然又巨大的变化，或出现异于平常的复杂、困难局面。

1）出现未预想的地质和水文地质情况

地质条件和水文地质条件与勘察设计不符，如地质断层、溶洞、地下障碍物、软弱地基、过大面积漫滩，以及土地沉陷、开裂、不均匀沉降，地下水位异常上升等情况。

2）出现恶劣的气候情况

发生恶劣的气候变化，如暴雨、台风、洪水、冰雹和高温等，可能引发泥石流灾害，这些都将对施工进度产生严重影响，造成临时停工、损失和破坏。

3）现场出现事故和灾难

一般指现场出现在建市政坍塌、倒塌事故，人员伤亡事故，以及出现火灾、爆炸等严重事故时，整个工程建设肯定要受到很大影响。

针对以上情况，在工程建设中必须做到未雨绸缪，在进度控制方面必须严肃、认真对待，一定要预先准备，一定要有应急预案和针对措施，一定要做最坏准备。

4.3　施工进度计划

施工进度计划是施工组织设计的重要组成部分，对工程履约起着主导作用。编制施工总进度计划的基本要求是：保证工程施工在合同规定的期限内完成；快速发挥投资效益；保证施工的连续性和均衡性；节约费用，实现成本目标。

4.3.1　进度计划编制

（1）编制依据

1）以合同工期为依据安排开、竣工时间。

2）设计图纸、材料定额、机械台班定额、工期定额、劳动定额等。

3）机具（械）设备和主要材料的供应及到货情况。

4）项目部可能投入的施工力量及资源情况。

5）工程项目所在地的水文、地质及其他方面自然情况。

6）工程项目所在地资源可利用情况。

7）影响施工的经济条件和技术条件。

8）工程项目的外部条件等。

（2）编制流程

1）首先要落实施工组织；其次，为实现进度目标，应注意分析影响工程进度的风险，并在分析的基础上采取风险管理的措施；最后，采取必要的技术措施，对各种施工方案进行论证，选择既经济又能节省工期的施工方案。

2）施工进度计划应准确、全面地表示施工项目中各单位工程或各分项、分部工程的施工顺序、施工时间及相互衔接关系。施工进度计划的编制应根据各施工阶段的工作内容、工作程序、持续时间和衔接关系，以及进度总目标，按资源优化配置的原则进行。在计划实施过程中应严格检查各工程环节的实际进度，及时纠正偏差或调整计划，跟踪实施，如此循环推进，直至工程竣工验收。

3）施工总进度计划是以工程项目群体工程为对象，对整个工地的所有工程施工活动提出时间安排表，其作用是确定分部、分项工程及关键工序准备、实施期限、开工和完工的日期，确定人力资源、材料、成品、半成品、施工机具的需要量和调配方案，为项目经理确定现场临时设施、水、电、交通的需要数量和需要时间提供依据。因此，正确地编制施工总进度计划是保证工程按合同期交付使用、充分发挥投资效益、降低成本的重要基础。

4）规定各工程的施工顺序和开、竣工时间，以此为依据确定各项施工作业所必需的劳动力、机具（械）设备和各种物资的供应计划。

（3）工程进度计划方法

常用的表达工程进度计划方法有横道图和网络计划图两种形式。

1）采用网络图的形式表达单位工程施工进度计划，能充分揭示各项工作之间的相互制约和相互依赖关系，能明确反映出进度计划中的主要矛盾。可采用计算软件进行计算、优化和调整，使施工进度计划更加科学，也使得进度计划的编制更能满足进度控制工作的要求。

2）采用横道图的形式表达单位工程施工进度计划，可较为直观地反映施工资源的需求及工程持续时间。如图4.1所示。

4.3.2 施工进度计划的审查

施工单位根据市政工程施工合同的约定，组织编制施工进度计划。施工进度计划应符合施工合同中竣工日期的规定，可以用横道图或网络计划图表示，并应附有文字说明。编制完成后填写《施工进度计划报审表》，报建设单位审批。

（1）施工进度计划审查内容

项目监理单位对照施工合同的约定，根据现场工程实际，对施工进度计划进行审查，重点审查内容包括：

1）所投入的人力和施工设备是否满足完成计划工程量的需要。

序号	工程内容	工期		施工时间（d）	2013年			2014年						2015年				
		开始日期	结束日期		10	11	12	1	2	3	4	...	12	8	9	10	11	12
一	施工准备	10.15	11.30	47														
1	三通一平			17														
2	施工现场建设			30														
二	栈桥施工			47														
三	主桥下部结构施工			183														
1	桩基施工			134														
2	承台施工			121														
3	墩身施工			96														
四	主桥上部结构施工			622														
1	上部钢桁架			531														
1.1	钢桁梁制造、拼装及运输			516														
1.2	钢桁梁顶推施工			489														
2	桥面道砟槽板施工			351														
2.1	道砟槽板预制			305														
2.2	道砟槽板安装			320														
3	桥面及附属设施施工			92														
五	引桥			670														
1	下部结构施工			517														
1.1	桩基施工			212														
1.2	承台施工			243														
1.3	墩身施工			259														
2	现浇架施工			427														
3	桥面及附属设施施工			109														

图 4.1　施工进度计划横道图

2）基本工作程序是否合理、实用。

3）施工设备是否配套，规模和技术状态是否良好。

4）如何规划运输通道。

5）工人的工作能力如何。

6）工作空间分析。

7）是否已预留足够的清理现场时间，材料、劳动力的供应计划是否符合进度计划的要求。

8）分包工程计划。

9）临时工程计划，竣工、验收计划。

10）可能影响进度的其他施工环境和技术问题。

进度计划经总监理工程师批准实施并报送建设单位，需要重新修改的，应要求施工单位重新申报。

（2）进度计划的实施监督

监理工程师应根据本工程的条件（工程的规模、质量标准、复杂程度、施工的现场条件等）及施工队伍的条件，全面分析施工单位编制的施工总进度计划的合理性、可行性。监理单位对进度目标进行风险分析，制订防范性对策，确定进度控制方案；对网络计划的关键线路进行审查、分析；对季度及年度进度计划，应要求施工单位同时编写主要工程材料、设备的采购及进场时间等计划安排。

监理单位应依据总进度计划，对施工单位实际进度进行跟踪监督和检查，实施动态控制；应分析、评价月实际进度与月计划进度的比较结果，发现偏离应签发《监理通知》，要求施工单位及时采取措施，实现计划进度目标。

（3）工程进度计划的调整

工程进度严重偏离计划时，总监理工程师应组织监理工程师分析原因，召开各方协调会议，研究应采取的措施，并应指令施工单位采取相应调整措施，保证合同约定目标的实现。总监理工程师应在监理月报中向建设单位报告工程进度和所采取的控制措施的执行情况，提出合理预防由建设单位原因导致的工程延期及其相关费用索赔的建议。必须延长工期时，应要求施工单位填报《工程延期申请表》，报项目监理部。监理工程师依据施工合同约定，与建设单位共同签署《工程延期审批表》，要求施工单位据此重新调整工程进度计划。

4.3.3 施工进度计划及调整

（1）施工进度目标控制

1）总目标及其分解

总目标，是指通过工程项目施工进度控制，以实现施工合同约定的竣工日期为最终目标。总目标应按需要进行分解。

① 按单位工程分解为交工分目标，制定子单位工程或分部工程交工目标。

② 按承包的专业或施工阶段分解为阶段分目标，重大市政公用工程可按专业工程分解进度目标分别进行控制，也可按施工阶段划分确定控制目标。

③ 按年、季、月分解为时间分目标，适用于有形象进度要求的工程。

2）分包工程控制

① 分包单位的施工进度计划必须依据施工单位的施工进度计划编制。

② 施工单位应将分包的施工进度计划纳入总进度计划的控制范畴。

③ 总包、分包之间相互协调，处理好进度执行过程中的相互关系，施工单位应协助分包单位解决施工进度控制中的相关问题。

（2）进度计划控制与实施

1）计划控制

① 控制性计划

年度和季度施工进度计划，均属控制性计划，是确定并控制项目施工总进度的重要节点目标。计划总工期跨越 1 个年度以上时，必须根据施工总进度计划的施工顺序，划分出不同年度的施工内容，编制年度施工进度计划，并在此基础上按照均衡施工原则，编制各季度施工进度计划。

② 实施性计划

月、旬（或周）施工进度计划是实施性的作业计划。作业计划应分别在每月末、每旬（或周）末，由项目部提出目标和作业项目，通过工地例会协调之后编制。

年、季、月、旬、周施工进度计划应逐级落实，最终通过施工任务书由作业班组实施。

2）保证措施

① 严格履行开工、延期开工、暂停施工、复工及工期延误等的报批手续。

② 在进度计划图上标注实际进度记录，跟踪记载每个施工过程的开始日期、完成日期、每日完成数量、施工现场发生的情况、干扰因素的排除情况等。

③ 进度计划应具体落实到执行人、目标、任务，并制定检查方法和考核办法。

④ 跟踪工程部位的形象进度，对工程量、总产值及耗用的人工、材料和机械台班等的数量进行统计与分析，以指导下一步工作安排，并编制统计报表。

⑤ 按规定程序和要求，处理进度索赔。

（3）进度调整

1）跟踪进度计划的实施并进行监督，当发现进度计划执行受到干扰时，应及时采取调整计划措施。

2）施工进度计划在实施过程中进行的必要调整必须依据施工进度计划检查审核结果进行。调整内容应包括：工程量、起止时间、持续时间、工作关系、资源供应。

3）在施工进度计划调整中，工作关系的调整主要是指施工顺序的局部改变或作业过程相互协作方式的重新确认，目的在于充分利用施工的时间和空间进行合理交叉、衔接，达到控制进度计划的目的。

4.3.4　施工进度报告

（1）进度计划检查审核

1）目的

工程施工过程中，项目部对施工进度计划应进行定期或不定期审核，目的在于判断进度计划执行状态，在工程进度受阻时，分析存在的主要影响因素，为实现进度目标采取纠正措施，或为计划调整提供依据。

2）主要内容

① 工程施工项目总进度目标和所分解的分目标的内在联系合理性，能否满足施工合同工期的要求。

② 工程施工项目计划内容是否全面，有无遗漏项目。

③ 工程项目施工程序和作业顺序安排是否合理，是否需要调整以及如何调整。

④ 施工各类资源计划是否与进度计划实施的时间要求一致，有无脱节，施工的均衡性如何。

⑤ 总包方和分包方之间，各专业之间，在时间和位置的安排上是否合理，有无相互干扰，主要矛盾是什么。

⑥ 工程项目施工进度计划的重点和难点是否突出，对风险因素的影响是否有防范对策和应急预案。

⑦ 工程项目施工进度计划是否能保证工程施工质量和安全的需要。

（2）工程进度报告

1）目的

① 工程施工进度计划检查完成后，项目部应向企业及有关方面提供施工进度报告。

② 根据施工进度计划的检查审核结果，研究、分析存在的问题，制订调整方案及相应措施，以便保证工程施工合同的有效执行。

2）主要内容

① 工程进度报告是对工程项目进度执行情况的综合描述，主要包括：报告的起止日期，当地气象及晴雨天天数统计；施工计划的原定目标及实际完成情况；报告计划期内现场的主要大事记（如停水、停电、发生事故的概况和处理情况，收到建设单位、监理工程师、设计单位等的指令文件及其主要内容）。

② 实际施工进度图。

③ 工程变更，价格调整，索赔及工程款收支情况。

④ 进度偏差的状况和导致偏差的原因分析。

⑤ 解决问题的措施。

⑥ 计划调整意见和建议。

（3）施工进度控制总结

在工程施工进度计划完成后，应编写施工进度控制总结，以便企业总结经验，提高管理水平。

1）编制总结时应依据的资料

① 施工进度计划。

② 施工进度计划执行的实际记录。

③ 施工进度计划检查结果。

④ 施工进度计划的调整资料。

2）主要内容

① 合同工期目标及计划工期目标完成情况。

② 施工进度控制经验与体会。

③ 施工进度控制中存在的问题及分析。

④ 施工进度计划科学方法的应用情况。

⑤ 施工进度控制的改进意见。

4.4　市政工程项目进度控制措施

进度控制的措施包括：组织措施、技术措施、经济措施和管理措施。

（1）组织措施

组织是目标能否实现的决定性因素，为实现项目的进度目标，应充分重视健全项目管理的体系。在项目组织结构中，应有专门的工作部门和符合进度控制岗位资格的专人负责进度控制工作。

进度控制的主要工作环节包括进度目标的分析和论证、编制进度计划、定期跟踪进度计划的执行情况、采取纠偏措施以及调整进度计划。这些工作任务和相应的管理职能应在项目管理组织设计的任务分工表和管理职能分工表中标示并落实。应编制项目进度控制的工作流程，如：

1）定义项目进度计划系统的组成。

2）各类进度计划的编制程序、审批程序和计划调整程序等。

进度控制工作包含了大量的组织和协调工作，而会议是组织和协调的重要手段，应进行有关进度控制会议的组织设计，以明确：

1）会议的类型。

2）各类会议的主持人及参加单位和人员。

3）各类会议的召开时间。

4）各类会议文件的整理、分发和确认等。

常用的组织措施有：①建立进度控制目标体系，明确工程现场监理机构进度控制人员及其职责分工。②建立工程进度报告制度及进度信息沟通网络。③建立进度计划审核制度和进度计划实施中的检查分析制度。④建立进度协调会议制度，包括协调会议举行的时间、地点、参加人员等。⑤建立图纸审查、工程变更和设计变更管理制度。

（2）技术措施

市政工程项目进度控制的技术措施涉及对实现进度目标有利的设计技术和施工技术的选用。不同的设计理念、设计技术路线、设计方案会对工程进度产生不同的影响，在设计工作的前期，特别是在设计方案评审和选用时，应对设计技术与工程进度的关系作分析比较。在工程进度受阻时，应分析是否存在设计技术的影响因素，为实现进度目标，有无设计变更的可能性。

施工方案对工程进度有直接的影响，在决策是否选用时，不仅应分析技术的先进性和经济合理性，还应考虑其对进度的影响。在工程进度受阻时，应分析是否存在施工技术的影响因素，为实现进度目标，有无改变施工技术、施工方法和施工机械的可能性。

常用的技术措施有：①审查承包商提交的进度计划，使承包商能在合理的状态下施工。②编制进度控制工作细则，指导监理人员实施进度控制。③采用网络计划技术及其他科学适用的计划方法，结合计算机的应用，对市政工程进度实施动态控制。

（3）经济措施

市政工程项目进度控制的经济措施涉及资金需求计划、资金供应的条件和经济激励措施等。为确保进度目标的实现，应编制与进度计划相适应的资源需求计划（资源进度计划），包括资金需求计划和其他资源（人力和物力资源）需求计划，以反映工程实施的各时段所需要的资源。通过资源需求的分析，可发现所编制的进度计划实现的可能性，若资源条件不具备，则应调整进度计划。资金需求计划也是工程融资的重要依据。

资金供应条件包括可能的资金总供应量、资金来源（自有资金和外来资金）以及资金供应的时间。在工程预算中应考虑加快工程进度所需要的资金，包括为实现进度目标将要采取的经济激励措施所需要的费用。

常用的经济措施有：①推行 CM 承发包模式，对市政工程实行分段设计、分段发包和分段施工。②加强合同管理。③对工期提前给予奖励。④对工期延误收取误期损失赔偿金。

（4）管理措施

市政工程项目进度控制的管理措施涉及管理的思想、方法和手段，承发包模式，合同管理和风险管理等。在理顺组织的前提下，科学和严谨的管理显得十分重要。

市政工程项目进度控制在管理观念方面存在的主要问题是：

1）缺乏进度计划系统的观念。分别编制各种独立而互不联系的计划，形成不了计划系统。

2）缺乏动态控制的观念。只重视计划的编制，而不重视及时对计划进行动态调整。

3）缺乏进度计划多方案比较和选优的观念。合理的进度计划应体现资源的合理使用、工作面的合理安排，有利于提高建设质量，有利于文明施工，有利于合理缩短建设周期。

用工程网络计划的方法编制进度计划时，必须很严谨地分析和考虑工作之间的逻辑关系，通过工程网络的计算可发现关键工作和关键线路，也可知道非关键工作可使用的时差。工程网络计划的方法有利于实现进度控制的科学化。

承发包模式的选择直接关系到工程实施的组织和协调。为了实现进度目标，应选择合理的合同结构，以避免过多的合同交界面而影响工程的进展。工程物资的采购模式对进度也有直接的影响，对此应作比较分析。

为实现进度目标，不但应进行进度控制，还应注意分析影响工程进度的风险，并在分析的基础上采取风险管理措施，以减少进度失控的风险量。常见的影响工程进度的风险包括：组织风险；管理风险；合同风险；资源（人力、物力和财力）风险；技术风险等。

重视信息技术（包括相应的软件、局域网、互联网以及数据处理设备）在进度控制中的应用。虽然信息技术对进度控制而言只是一种管理手段，但其应用有利于提高进度信息处理的效率，有利于提高进度信息的透明度，有利于促进进度信息的交流和项目各参与方的协同工作。

常用的管理措施有：①加强合同管理，协调合同工期与进度计划之间的关系，保证进度目标的实现。②严格控制合同变更，对各方提出的工程变更和设计变更，监理工程师应严格审查后再补入合同文件。③加强风险管理，在合同中应充分考虑风险因素及其对进度的影响，以及相应的处理方法。⑤加强索赔管理，公正地处理索赔。

4.5　市政工程项目进度控制案例

（1）背景

某城镇道路改建工程，地处交通要道，拆迁工作量大。建设方通过招标选择了工程施工总包单位和拆迁公司。该施工项目部上半年施工进度报告显示：实际完成工作量仅为计划的 1/3 左右，窝工现象严重。报告附有以下资料：①桩基分包方的桩位图（注有成孔/成桩记录）及施工日志；②项目部的例会记录及施工日志；③施工总进度和年度计划图（横道图），图上标注了主要施工过程，开、完工时间及工作量，计划图制作时间为开工初期；④季、月施工进度计划及实际进度检查结果；⑤月施工进度报告和统计报表。报告除对进度执行情况简要描述外，对进度差及调查分析为"拆迁影响，促拆迁"。

（2）问题

1）施工项目进度报告应进行哪些方面的补充和改进？

2）分包方是否应制定施工进度计划与项目总进度计划的关系？

3）该项目施工进度计划应作哪些内容上的调整？

4）请指出该项目施工进度计划编制应改进之处。

5）请指出该项目施工进度计划的实施和控制存在的不足之处。

（3）参考答案

1）对进度偏差及调查情况描述应补充和改进，提供的内容应包括：①进度执行情况的综合描述，即报告的起止日期，当地气象及晴雨天天数统计，施工计划的原定目标及实际完成情况，报告计划期内现场的主要大事记（如停水，停电、发生事故的情况及处理情况，收到建设单位、监理工程师设计单位等的指导文件及其主要内容）；②实际施工进度图；③工程变更、价格调整、索赔及工程款收支情况；④进度偏差的状况和导致偏差的原因分析；⑤解决问题的措施；⑥计划调整意见。

2）分包方应该制订施工进度计划。与项目总进度计划的关系为：分包方的施工进度计划必须依据总承包方的施工进度计划编制；总承包方应将分包方的施工进度计划纳入总进度计划的控制范畴，与分包方协调，处理好进度执行过程中的相互关系，并协助分包方解决项目进度控制中的相关问题。

3）应调整内容包括：施工内容、工程量、起止时间、持续时间、工作关系、资源供应。

4）必须改进之处为：

①计划图制作时间应在开工前。

②仅在施工总进度和年度计划图（横道图）上标注主要施工过程，开、完工时间及工作量是不够的，应该在计划图上进行实际进度记录，并跟踪记载每个施工过程的开始日期、完成日期、每日完成数量、施工现场发生的情况、干扰因素的排除情况等。

③应补充旬（或周）施工进度计划及实际进度检查结果。

5）项目施工进度计划实施和控制过程存在的不足之处有：

①未跟踪和监督计划的实施，在跟踪和监督过程中，当发现进度计划执行受到干扰

时，应及时采取调整计划措施。

② 未在计划图上记录实际进度，未跟踪记载每个施工过程（而不是主要施工过程）的开始日期、完成日期、每日完成数量、施工现场发生的情况、干扰因素的排除情况等。

③ 未能执行施工合同中对进度、开工、延期开工、暂停施工、工期延误、工程竣工的承诺。

④ 未跟踪形象进度中工程量、总产值及耗用的人工、材料和机械台班等的数量统计与分析，未编制统计报表。

⑤ 未能落实控制进度措施，未能将措施具体到执行人、目标、任务、检查方法和考核办法。

第5章　市政工程安全管理

5.1　市政工程安全管理概述

安全生产事关人民群众生命财产安全，事关改革开放、经济发展和社会稳定大局，事关党和政府的形象和声誉，当然，也事关企业的生存和发展。因此，各企业必须把安全生产摆在重中之重的位置，自觉坚持科学发展、安全发展，把安全真正作为发展的前提和基础，使企业发展切实建立在安全保障能力不断增强，劳动者生命安全和身体健康得到切实保障的基础之上。

我国的安全生产工作机制是生产经营单位负责、职工参与、政府监管、行业自律和社会监督。落实生产经营单位主体责任是根本，职工参与是基础，政府监管是关键，行业自律是发展方向，社会监督是预防和减少生产安全事故的保障。安全生产工作应坚持"安全第一、预防为主、综合治理"的方针。

我国的安全生产政府监管坚持综合监管与行业监管相结合的工作原则，即各行业主管部门在对各自的安全生产工作实行专项监督管理的同时，安全生产监督管理部门对各行业主管部门的安全生产工作又负有监督检查和指导协调的职能。就市政工程来说，安全生产管理工作既要遵从住房和城乡建设部及省、市建设行政管理部门的监管，也应服从应急管理部及省、市应急管理部门的监管。

以浙江省为例，安全生产应遵循的法律法规，主要有《安全生产法》、《建设工程安全生产管理条例》及《浙江省安全生产条例》。

5.2　市政工程安全管理相关制度

由于市政工程规模大、周期长、参与人数多、环境复杂多变，导致安全生产的难度很大。《中共中央国务院关于进一步加强城市规划建设管理工作的若干意见》（中发〔2016〕6号）和《国务院办公厅关于促进建筑业持续健康发展的意见》（国办发〔2017〕19号）中强调，应完善工程质量安全管理制度，落实工程质量安全主体责任，强化工程质量安全监管，提高工程项目质量安全管理水平。因此，依据现行的法律法规，通过建立各项安全生产管理制度体系，规范市政工程参与各方的安全生产行为，重大工程项目中进行风险评估或论证，在项目中将信息技术与安全生产深度融合，提高市政工程安全生产管理水平，防止和避免安全事故的发生是非常重要的。现阶段正在执行的主要安全生产管理制度包括：安全生产责任制度；安全生产许可证制度；政府安全生产监督检查制度；安全生产教育培训制度；特种作业人员持证上岗制度；专项施工方案专家论证制度；危及施工安全工艺、设备、材料淘汰制度；施工起重机械使用登记制度；安全检查制度；生产安全事故报告和调查处理制度；"三同时"制度；安全预评价制度；意外伤害保险制度等。

（1）安全生产责任制度

安全生产责任制是最基本的安全管理制度，是所有安全生产管理制度的核心。安全生产责任制是按照安全生产管理方针和"管生产的同时必须管安全"的原则，将各级负责人员、各职能部门及其工作人员和各岗位生产工人在安全生产方面应做的事情及应负的责任加以明确规定的一种制度。具体来说，就是将安全生产责任分解到相关单位的主要负责人、项目负责人、班组长以及每个岗位的作业人员身上。

根据《建设工程安全生产管理条例》（国务院令第 393 号）和《市政工程施工安全检查标准》CJJ/T 275—2018 的相关规定，安全生产责任制度的主要内容如下：

1）安全生产责任制度包括企业主要负责人的安全责任，负责人或其他副职的安全责任，项目负责人（项目经理）的安全责任，生产、技术、材料等各职能管理部门及其工作人员的安全责任，技术负责人（工程师）的安全责任，专职安全生产管理人员的安全责任，施工员的安全责任，班组长的安全责任和岗位人员的安全责任等。

2）项目应对各级、各部门安全生产责任制规定检查和考核办法，并按规定期限进行考核，对考核结果及兑现情况应有记录。

3）项目独立承包的工程在承包合同中必须有安全生产工作的具体指标和要求。工程由多单位施工时，总分包单位在签订分包合同的同时，要签订安全生产合同（协议），签订合同前要检查分包单位的营业执照、企业资质证、安全资格证等。分包队伍的资质应与工程要求相符，在安全合同中应明确总包、分包单位各自的安全职责。原则上，实行总承包的由总施工单位负责，分包单位向总包单位负责，服从总包单位对施工现场的安全管理，分包单位在其分包范围内建立施工现场安全生产管理制度，并组织实施。

4）项目的主要工种应有相应的安全技术操作规程，如混凝土工、电工、钢筋工、起重工、吊车司机和指挥、架子工等工种，特殊作业应另行补充。应将安全技术操作规程列为日常安全活动和安全教育的主要内容，并应悬挂在操作岗位前。

总之，企业实行安全生产责任制必须做到在计划、布置、检查、总结、评比生产时，同时计划、布置、检查、总结、评比安全工作。其内容大体分为两个方面：纵向方面，是各级人员的安全生产责任制，即从最高管理者、管理者代表到项目负责人（项目经理）、技术负责人（工程师）、专职安全生产管理人员、施工员、班组长和岗位人员等；横向方面，是各职能部门（如安全、环保、设备、技术、生产、财务等）的安全生产责任制。只有这样，才能建立健全安全生产责任制，做到群防群治。

（2）安全生产许可证制度

《安全生产许可证条例》（国务院令第 397 号）规定，国家对建筑施工企业实行安全生产许可制度。其目的是为了严格规范安全生产条件，进一步加强安全生产监督管理，防止和减少生产安全事故。

国务院建设主管部门负责中央管理的市政施工企业安全生产许可证的颁发和管理，其他企业由省、自治区、直辖市人民政府建设主管部门负责颁发和管理，并接受国务院建设主管部门的指导和监督。

企业取得安全生产许可证，应当具备下列安全生产条件：

1）建立、健全安全生产责任制，制定完备的安全生产规章制度和操作规程。

2）安全投入符合安全生产要求。

3）设置安全生产管理机构，配备专职安全生产管理人员。

4）主要负责人和安全生产管理人员经考核合格。

5）特种作业人员经有关业务主管部门考核合格，取得特种作业操作资格证书。

6）从业人员经安全生产教育和培训合格。

7）依法参加工伤保险，为从业人员缴纳保险费。

8）厂房、作业场所和安全设施、设备、工艺符合有关安全生产法律法规、标准和规程的要求。

9）有职业危害防治措施，并为从业人员配备符合国家标准或者行业标准的劳动防护用品。

10）依法进行安全评价。

11）有重大危险源检测、评估、监控措施和应急预案。

12）有生产安全事故应急救援预案、应急救援组织或者应急救援人员，配备必要的应急救援器材、设备。

13）法律、法规规定的其他条件。

企业进行生产前，应当依照该条例的规定向安全生产许可证颁发管理机关申请领取安全生产许可证，并提供该条例第 6 条规定的相关文件、资料。安全生产许可证颁发管理机关应当自收到申请之日起 45 日内审查完毕，经审查符合该条例规定的安全生产条件的，颁发安全生产许可证；不符合该条例规定的安全生产条件的，不予颁发安全生产许可证，书面通知企业并说明理由。

安全生产许可证的有效期为 3 年。安全生产许可证有效期满需要延期的，企业应当于期满前 3 个月向原安全生产许可证颁发管理机关办理延期手续。

企业在安全生产许可证有效期内，严格遵守有关安全生产的法律法规，未发生死亡事故的，安全生产许可证有效期届满时，经原安全生产许可证颁发管理机关同意，不再审查，安全生产许可证有效期延期 3 年。

企业不得转让、冒用安全生产许可证或者使用伪造的安全生产许可证。

（3）政府安全生产监督检查制度

政府安全生产监督检查制度是指国家法律、法规授权的行政部门，代表政府对企业的安全生产的过程实施监督管理。《建设工程安全生产管理条例》第 5 章"监督管理"对建设工程安全监督管理的规定内容如下：

1）国务院负责安全生产监督管理的部门依照《中华人民共和国安全生产法》的规定，对全国建设工程安全生产工作实施综合监督管理。

2）县级以上地方人民政府负责安全生产监督管理的部门依照《中华人民共和国安全生产法》的规定，对本行政区域内建设工程安全生产工作实施综合监督管理。

3）国务院建设行政主管部门对全国的建设工程安全生产实施监督管理，国务院铁路、交通、水利等有关部门按照国务院规定的职责分工，负责有关专业建设工程安全生产的监督管理。

4）县级以上地方人民政府建设行政主管部门对本行政区域内的建设工程安全生产实施监督管理。县级以上地方人民政府交通、水利等有关部门在各自的职责范围内，负责本行政区域内的专业建设工程安全生产的监督管理。

5）县级以上人民政府负有建设工程安全生产监督管理职责的部门在各自的职责范围内履行安全监督检查职责时，有权纠正施工中违反安全生产要求的行为，责令立即排除检查中发现的安全事故隐患，对重大隐患可以责令暂时停止施工。

6）建设行政主管部门或者其他有关部门可以将施工现场的监督检查委托给建设工程安全监督机构具体实施。

（4）安全生产教育培训制度

企业安全生产教育培训一般包括对管理人员、特种作业人员和企业员工的安全教育。

1）管理人员的安全教育

① 企业法定代表人安全教育的主要内容包括：

A. 国家有关安全生产的方针、政策、法律、法规及规章制度；

B. 安全生产管理职责、企业安全生产管理知识及安全文化；

C. 有关事故案例及事故应急处理措施等。

② 项目经理、技术负责人和技术干部安全教育的主要内容包括：

A. 安全生产方针、政策和法律、法规；

B. 项目经理部安全生产责任；

C. 典型事故案例剖析；

D. 本系统安全及其相应的安全技术知识。

③ 行政管理干部安全教育的主要内容包括：

A. 安全生产方针、政策和法律、法规；

B. 基本的安全技术知识；

C. 本职的安全生产责任。

④ 企业安全管理人员安全教育内容应包括：

A. 国家有关安全生产的方针、政策、法律、法规和安全生产标准；

B. 企业安全生产管理、安全技术、职业病知识、安全文件；

C. 员工伤亡事故和职业病统计报告及调查处理程序；

D. 有关事故案例及事故应急处理措施。

⑤ 班组长和安全员的安全教育内容包括：

A. 安全生产法律、法规、安全技术及技能、职业病和安全文化的知识；

B. 本企业、本班组和工作岗位的危险因素、安全注意事项；

C. 本岗位安全生产职责；

D. 典型事故案例；

E. 事故抢救与应急处理措施。

2）特种作业人员的安全教育

特种作业人员必须经专门的安全技术培训并考核合格，取得《中华人民共和国特种作业操作证》后，方可上岗作业。

特种作业人员应当接受与其所从事的特种作业相应的安全技术理论培训和实际操作培

训。已经取得职业高中、技工学校及中专以上学历的毕业生从事与其所学专业相应的特种作业，持学历证明经考核发证机关同意，可以免予相关专业培训。

跨省、自治区、直辖市从业的特种作业人员，可以在户籍所在地或者从业所在地参加培训。

3）企业员工的安全教育

企业员工的安全教育主要有新员工上岗前的三级安全教育、改变工艺和变换岗位安全教育、经常性安全教育三种形式。

① 新员工上岗前的三级安全教育

三级安全教育通常是指进厂、进车间、进班组三级，对市政工程来说，具体指企业（公司）、项目（或工区、工程处、施工队）、班组三级。

企业新员工上岗前必须进行三级安全教育，并按规定通过三级安全教育和实际操作训练，经考核合格后方可上岗。

A. 企业（公司）级安全教育由企业主管领导负责，企业职业健康安全管理部门会同有关部门组织实施，内容应包括安全生产法律、法规，通用安全技术，职业卫生和安全文化的基本知识，本企业安全生产规章制度及状况，劳动纪律和有关事故案例等。

B. 项目（或工区、工程处、施工队）级安全教育由项目级负责人组织实施，专职或兼职安全员协助，内容包括工程项目的概况，安全生产状况和规章制度，主要危险因素及安全事项，预防工伤事故和职业病的主要措施，典型事故案例及事故应急处理措施等。

C. 班组级安全教育由班组长组织实施，内容包括遵章守纪，岗位安全操作规程，岗位间工作衔接配合的安全生产事项，典型事故及发生事故后应采取的紧急措施，劳动防护用品（用具）的性能及正确使用方法等。

② 改变工艺和变换岗位安全教育

A. 企业（或工程项目）在实施新工艺、新技术或使用新设备、新材料时，必须对有关人员进行相应级别的安全教育，要按新的安全操作规程教育和培训相关岗位员工和有关人员，使其了解新工艺、新设备、新产品的安全性能及安全技术，以适应新的作业的安全要求。

B. 当组织内部员工从一个岗位调到另一个岗位，或从某工种改变为另一工种，或离岗1年以上重新上岗时，企业必须进行相应的安全技术培训和教育，以使其掌握现岗位安全生产特点和要求。

③ 经常性安全教育

无论何种教育都不可能是一劳永逸的，安全教育同样如此，必须坚持不懈、经常不断地进行，这就是经常性安全教育。在经常性安全教育中，安全思想、安全态度教育最重要。要通过多种形式的安全教育活动，激发员工搞好安全生产的热情，促使员工重视和真正实现安全生产。经常性安全教育的形式有：每天的班前班后会上说明安全注意事项，安全活动日，安全生产会议，事故现场会，张贴安全生产招贴画、宣传标语及标志等。

（5）特种作业人员持证上岗制度

《建设工程安全生产管理条例》第25条规定："垂直运输机械作业人员、安装拆卸工、爆破作业人员、起重信号工、登高架设作业人员等特种作业人员，必须按照国家有关规定经过专门的安全作业培训，并取得特种作业操作资格证书后，方可上岗作业。"

专门的安全作业培训，是指由有关主管部门组织的专门针对特种作业人员的培训，即特种作业人员在独立上岗作业前，必须进行与本工种相适应的、专门的安全技术理论学习和实际操作训练。经培训考核合格，取得特种作业操作证后，才能上岗作业。特种作业操作证在全国范围内有效，离开特种作业岗位6个月以上的特种作业人员，应当重新进行实际操作考试。经确认合格后方可上岗作业。对于未经培训考核即从事特种作业的，条例第62条规定了行政处罚；造成重大安全事故，构成犯罪的，对直接责任人员，依照刑法的有关规定追究刑事责任。

（6）专项施工方案专家论证制度

依据《建设工程安全生产管理条例》第26条的规定：施工单位应当在施工组织设计中编制安全技术措施和施工现场临时用电方案，对下列达到一定规模的危险性较大的分部分项工程编制专项施工方案，并附具安全验算结果，经施工单位技术负责人、总监理工程师签字后实施，由专职安全生产管理人员进行现场监督，包括：①基坑支护与降水工程；②土方开挖工程；③模板工程；④起重吊装工程；⑤脚手架工程；⑥拆除、爆破工程；⑦国务院建设行政主管部门或者其他有关部门规定的其他危险性较大的工程。

（7）危及施工安全工艺、设备、材料淘汰制度

危及施工安全的工艺、设备、材料是指不符合生产安全要求，极有可能导致生产安全事故发生，致使人民生命和财产遭受重大损失的工艺、设备和材料。

《建设工程安全生产管理条例》第45条明确规定："国家对严重危及施工安全的工艺、设备、材料实行淘汰制度。"这一方面有利于保障安全生产；另一方面也体现了优胜劣汰的市场经济规律，有利于提高生产经营单位的工艺水平，促进设备更新。

根据该条规定，对严重危及施工安全的工艺、设备和材料，实行淘汰制度，需要国务院建设行政主管部门会同国务院其他有关部门确定哪些是严重危及施工安全的工艺、设备和材料，并且以明示的方法予以公布。对于已经公布的严重危及施工安全的工艺、设备和材料，建设单位和施工单位都应当严格遵守和执行，不得继续使用此类工艺和设备，也不得转让他人使用。

（8）施工起重机械使用登记制度

《建设工程安全生产管理条例》第35条规定："施工单位应当自施工起重机械和整体提升脚手架、模板等自升式架设设施验收合格之日起30日内，向建设行政主管部门或者其他有关部门登记。登记标志应当置于或者附着于该设备的显著位置。"

这是对施工起重机械的使用进行监督和管理的一项重要制度，能够有效防止不合格机械和设施投入使用，同时，有利于监管部门及时掌握施工起重机械和整体提升脚手架、模板等自升式架设设施的使用情况，便于监督管理。

监管部门应当对登记的施工起重机械建立相关档案，及时更新，加强监管，减少生产安全事故的发生。施工单位应当将标志置于显著位置，便于使用者监督，保证施工起重机械的安全使用。

（9）安全检查制度

1）安全检查的目的

安全检查制度是清除隐患、防止事故、改善劳动条件的重要手段，是企业安全生产管理工作的一项重要内容。通过安全检查可以发现企业及生产过程中的危险因素，以便有计

划地采取措施，保证安全生产。

2）安全检查的方式

检查方式有企业组织的定期安全检查，各级管理人员的日常巡回检查，专业性检查，季节性检查，节假日前后的安全检查，班组自检、交接检查，不定期检查等。

3）安全检查的内容

安全检查的主要内容包括：查思想、查管理、查隐患、查整改、查伤亡事故处理等。安全检查的重点是检查"三违"和安全责任制的落实。检查后应编写安全检查报告，报告应包括以下内容：已达标项目，未达标项目，存在问题，原因分析，纠正和预防措施。

4）安全隐患的处理程序

对查出的安全隐患，不能立即整改的要制定整改计划，定人、定措施、定经费、定完成日期，在未消除安全隐患前，必须采取可靠的防范措施，如有危及人身安全的紧急险情，应立即停止。

（10）生产安全事故报告和调查处理制度

《安全生产法》《建筑法》《建设工程安全生产管理条例》《生产安全事故报告和调查处理条例》《特种设备安全监察条例》等法律、法规都对生产安全事故报告和调查处理制度作了相应的规定。

《安全生产法》第 80 条规定："生产经营单位发生生产安全事故后，事故现场有关人员应立即报告本单位负责人。单位负责人接到事故报告后，应迅速采取有效措施，组织抢救，防止事故扩大，减少人员伤亡和财产损失，并按照国家有关规定立即如实报告当地负有安全生产监督管理职责的部门，不得隐瞒不报、谎报或者迟报，不得故意破坏事故现场、毁灭有关证据。"

《建筑法》第 51 条规定："施工中发生事故时，建筑施工企业应当采取紧急措施减少人员伤亡和事故损失，并按照国家有关规定及时向有关部门报告。"

《建设工程安全生产管理条例》第 50 条规定："施工单位发生生产安全事故，应当按照国家有关伤亡事故报告和调查处理的规定，及时、如实地向负责安全生产监督管理的部门、建设行政主管部门或者其他有关部门报告；特种设备发生事故的，还应当同时向特种设备安全监督管理部门报告。接到报告的部门应依照国家有关规定，如实上报。"

一旦发生安全事故，及时报告有关部门是及时组织抢救的基础，也是认真进行调查及分清责任的基础。因此，施工单位在发生安全事故时，不得隐瞒事故情况。

2007 年 6 月 1 日起实施的《生产安全事故报告和调查处理条例》对生产安全事故报告和调查处理制度作了更加明确的规定。

（11）"三同时"制度

"三同时"制度是指凡是我国境内新建、改建、扩建的基本建设项目（工程）、技术改建项目（工程）和引进的建设项目，其安全生产设施必须符合国家规定的标准，必须与主体工程同时设计、同时施工、同时投入生产和使用。安全生产设施主要指安全技术方面的设施、职业卫生方面的设施、生产辅助性设施。

《劳动法》第 53 条规定："新建、改建、扩建工程的劳动安全卫生设施必须与主体工程同时设计、同时施工、同时投入生产和使用。"

《安全生产法》第 28 条规定："生产经营单位新建、改建、扩建工程项目的安全设施，必须与主体工程同时设计、同时施工、同时投入生产和使用，安全设施投资应当纳入建设项目概算。"

新建、改建、扩建工程的初步设计要经过行业主管部门、安全生产管理部门、卫生部门和工会的审查，同意后方可进行施工；工程项目完成后，必须经过主管部门、安全生产管理行政部门、卫生部门和工会的竣工检验；市政工程项目投产后，不得将安全设施闲置不用，生产设施必须与安全设施同时使用。

（12）安全预评价制度

安全预评价是指在市政工程项目前期，应用安全评价的原理和方法对工程项目的危险性、危害性进行预测性评价。

开展安全预评价工作，是贯彻落实"安全第一、预防为主"方针的重要手段，是企业实施科学化、规范化安全管理的工作基础。科学、系统地开展安全评价工作，不仅直接起到了消除危险有害因素、减少事故发生的作用，而且有利于全面提高企业的安全管理水平，有利于系统地、有针对性地加强对不安全状况的治理和改造，最大限度地降低安全生产风险。

（13）意外伤害保险制度

根据 2010 年 12 月 20 日修订后重新公布的《工伤保险条例》规定，工伤保险属于法定的强制性保险。工伤保险费的征缴按照《社会保险费征缴暂行条例》中关于基本养老保险费、基本医疗保险费、失业保险费的征缴规定执行。

2019 年 4 月 23 日起修订实施的《建筑法》第 48 条规定："建筑施工企业应当依法为职工参加工伤保险缴纳工伤保险费。鼓励企业为从事危险作业的职工办理意外伤害保险，支付保险费。"修订后的《建筑法》与修订后的《社会保险法》和《工伤保险条例》等法律、法规的规定保持一致，明确了建筑施工企业作为用人单位，为职工参加工伤保险并缴纳工伤保险费是其应尽的法定义务。但为从事危险作业的职工投保意外伤害险并非强制性规定，是否投保意外伤害险由施工企业自主决定。

5.3 市政工程临时用电安全管理

施工现场临时用电需编制临时用电组织设计（包括安全用电和电气防火措施），必须符合《施工现场临时用电安全技术规范》JGJ 46—2005 的要求。

电工必须按照国家现行标准考核合格后，持证上岗工作。其他用电人员必须通过相关教育培训和技术交底，用电人员应掌握安全用电基本知识和所用设备的性能。

施工现场临时用电，实行用电检查并留存检查记录，监理单位安全管理人员进行见证旁站，对临时用电不规范的，应及时要求整改，对整改情况及时进行记录确认。

5.3.1 三级用电

（1）配电箱、开关箱应采用由专业厂家生产的定型化产品，应符合《低压成套开关设备和控制设备 第 4 部分：对建筑工地用成套设备（ACS）的特殊要求》GB/T 7251.4—2017 及《施工现场临时用电安全技术规范》JGJ 46—2005、《建筑施工安全检查标准》JGJ 59—2011 的要求，并取得"3C"认证证书，配电箱内使用的隔离开关、漏电保护器及绝缘导线等电器元件也必须取得"3C"认证。

（2）配电系统应设置配电柜或总配电箱、分配电箱、开关箱，实行三级配电、三级保护，各级配电箱中均应安装漏电保护器。总配电箱以下可设若干分配电箱；分配电箱以下可设若干开关箱。总配电箱应设在靠近电源的区域，分配电箱应设在用电设备或负荷相对集中的区域。分配电箱与开关箱的距离不得超过 30m。开关箱与其控制的固定式用电设备的水平距离不宜超过 3m。配电箱、开关箱周围应有足够 2 人同时工作的空间和通道，且不得堆放任何妨碍操作、维修的物品，不得有灌木、杂草。如图 5.1~ 图 5.3 所示。

图 5.1　配电柜防护

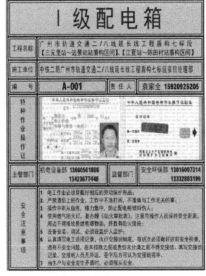

(参考使用)

规格：30x20cm

图 5.2　配电箱标识牌

（3）动力配电箱与照明配电箱、动力开关箱与照明开关箱均应分别设置。

（4）每台用电设备必须有各自专用的开关箱，严禁用同一个开关箱直接控制 2 台及 2 台以上用电设备（含插座）。

图 5.3 配电箱安装

（5）总配电箱中漏电保护器的额定漏电动作电流应大于 30mA，额定漏电动作时间应大于 0.1s，但其额定漏电动作电流与额定漏电动作时间的乘积不应大于 30mA·s。

5.3.2 外电防护

（1）在建工程（含脚手架具）的外侧边缘与外电架空线路之间必须保持安全操作距离，最小安全操作距离应符合表 5.1 的规定。

在建工程（含脚手架具）的外侧边缘与外电架空线路之间的最小安全操作距离   表 5.1

外电线路电压等级（kV）	<1	1 ~ 10	35 ~ 110	220	330 ~ 500
最小安全操作距离（m）	4.0	6.0	8.0	10.0	15.0

（2）施工现场的机动车道与外电架空线路交叉时，架空线路的最低点与路面的垂直距离应符合表 5.2 的规定。

施工现场的机动车道与外电架空线路交叉时最小垂直距离   表 5.2

外电线路电压等级（kV）	<1	1 ~ 10	35
最小垂直距离（m）	6.0	7.0	7.0

（3）当达不到表 5.1 和表 5.2 的规定时，必须编制外电线路防护方案，采取绝缘隔离防护措施（图 5.4），并应悬挂醒目的警告标志牌。架设防护设施时，必须经有关部门批准，采用线路暂时停电或其他可靠的安全技术措施，并应有电气工程技术人员和专职安全人员监护。

图 5.4　外电防护

（4）防护设施应坚固、稳定，防护屏障应采用绝缘材料搭设，且对外电线路的隔离防护应达到 IP30 级（防止固体侵入）。

（5）当表 5.3 所规定的防护措施无法实现时，必须与有关部门协商，采取停电、迁移外电线路或改变工程位置等措施，未采取上述措施的严禁施工。

防护设施与外电线路之间的最小安全距离　　　　　　　　　　　表 5.3

外电线路电压等级（kV）	≤10	35	110	220	330	500
最小安全距离（m）	1.7	2.0	2.5	4.0	5.0	6.0

（6）脚手架的上下斜道严禁搭设在有外电线路一侧。

（7）现场临时设施规划、市政起重机械安装位置等应避开有外电线路一侧。

5.3.3　线路架设与保护

（1）临时用电电缆质量必须符合临时用电方案的要求，不得简化和替代。需要三相五线制配电的电缆线路必须采用五芯电缆，五芯电缆须包含淡蓝、绿/黄两种绝缘芯线，淡蓝色芯线必须作 N 线；绿/黄双色芯线必须用作 PE 线，严禁混用。

（2）电缆线路应采用埋地或架空敷设（图 5.5~ 图 5.9），严禁沿地面明设，并应避免机械损伤和介质腐蚀。埋地电缆路径应设方位标志。

（3）现场临时用电线路敷设应符合临时用电规范的要求。

（4）室内配线应根据配线类型采用瓷瓶、瓷（塑料）夹、嵌绝缘槽、穿管或钢丝敷设。潮湿场所或埋地非电缆配线必须穿管敷设，管口和管接头应密封；当采用金属管敷设时，金属管必须做等电位连接，且必须与 PE 线相连接。

图 5.5　电缆敷设与保护

图 5.6　线槽电缆架空

图 5.7　电缆过路保护

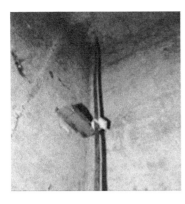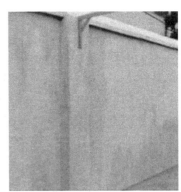

图 5.8 电缆进竖井、沿墙壁敷设

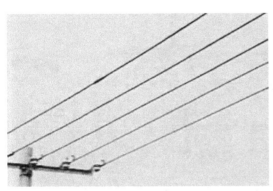

图 5.9 用电线路敷设

（5）施工场地便道横穿管线及降水井管布设应提前统筹策划，确保施工现场环境整洁有序。施工场地布置时，应在基坑防撞墙里预埋电缆管道，以保持施工场地整洁有序，并进一步保证施工用电安全。现场电缆参照桥架的方式敷设，进入电箱时采用软管保护，场地中间临时架设电缆时，采用临时支架架空（图 5.10）。

图 5.10 电缆敷设

5.3.4 现场照明

（1）开关箱中漏电保护器的额定漏电动作电流不应大于30mA，额定漏电动作时间不应大于0.1s；用于潮湿或有腐蚀介质场所的漏电保护器应采用防溅型产品，其额定漏电工作电流不应大于15mA，额定漏电工作时间不应大于0.1s。

（2）照明灯具的金属外壳和金属支架必须做保护接零（图5.11、图5.12）。

图5.11 现场照明灯架（移动式）　　图5.12 现场照明灯架（固定式）

（3）下列特殊场所应使用安全特低电压照明器：

1）隧道、人防工程、高温、有导电灰尘、比较潮湿或室内线路和灯具离地面高度低于2.4m等场所的照明，电源电压不应大于36V。

2）潮湿和易触及带电体场所的照明，电源电压不得大于24V。

3）特别潮湿的场所、导电良好的地面、锅炉或金属容器内的照明，电源电压不得大于12V。

（4）在一个工作场所内，不得只装设局部照明。

5.4 市政工程机械设备安全管理

5.4.1 机具防护棚

（1）施工现场所有钢筋、木工加工场及搅拌机、砂浆机、直螺纹机等机具设备均需搭设防护棚，场地有条件时可以搭设固定式钢筋加工棚，场地条件有限时可以搭设移动式钢筋加工棚（图5.13）。固定式钢筋加工棚采用钢管、型钢、桁架、彩钢瓦搭设，移动式钢

图 5.13　钢筋加工棚

筋加工棚需安装滑轮和轨道。在塔吊覆盖范围内的加工棚还应设置双层防护。

（2）单独机具防护棚应采用 ϕ 48 钢管及型钢搭设，尺寸为：长 700mm × 宽 2200mm × 高 3100mm。防护棚两侧应设置八字撑，并满挂密目安全网，所有水平杆伸出立杆外侧 100mm。

（3）防护棚两头进出口处张挂安全警示标志牌和安全宣传标语。

（4）防护棚金属部分应与接地保护系统进行电气连接。

5.4.2　起重吊装

市政工程施工现场起重机械的租赁、安装、拆卸、使用应符合《建筑起重机械安全监督管理规定》（建设部令第 166 号）、《建筑施工起重吊装工程安全技术规范》JGJ 276—2012 等的要求。起重机械的产权单位应到本单位工商注册所在地县级以上地方人民政府建设主管部门办理备案。进场的起重设备管理应用"二维码标识"，供管理人员、安全检查人员检查。

（1）吊装设备进场安装验收

1）起重设备进场安装完毕后，使用单位应当组织出租、安装、监理等有关单位进行验收，或者应经具有相应资质的检验检测机构验收。验收合格后方可投入使用。

2）进场机械设备必须在特种设备检测机构检验检测合格，并到各地政府监督机构办理备案和使用登记手续（龙门吊、塔吊）；履带吊安装完成后应组织第三方检测机构进行检测，取得合格证后方可投入使用（图 5.14）。外租起重设备，还必须签订租赁合同和安全管理协议。

图 5.14 吊装设备

3）进、退场需要重新安装、拆卸的龙门吊、履带式起重机等设备，必须委托具有相应资质的单位进行。按照安全技术标准及市政起重机械性能要求，编制安拆方案，经安装、拆卸单位负责人审定，报施工、监理单位审查后组织实施。对于起重量在 30t 以上的龙门吊的安拆，安拆方案必须经专家论证，按照专家的意见修改、完善方案并经施工、监理单位审查后组织实施（图 5.15）。

图 5.15 龙门吊及轨道

4）安装完成，经特种设备检测机构检验检测合格，且流动式起重机械作业检查确认表完成后，方可使用。

5）应制订并落实设备安全操作规程、有关安全管理制度、专项吊装方案及安装（拆卸）事故应急救援预案（图 5.16）。

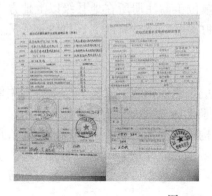

图 5.16 吊装报告

（2）吊具索具

1）钢丝绳

起重机械设备进场时，项目部应对起重机械及吊装用钢丝绳进行检查，吊装用钢丝绳与起重机械用钢丝绳的区别主要为：①起重机械用钢丝绳为钢芯，吊装用钢丝绳为麻芯，强度不如起重机械用钢丝绳。②起重机械用钢丝绳的保险系数为 8 倍，吊装用钢丝绳的保险系数为 5~8 倍。如发现起重机械用钢丝绳存在断丝断股现象，应禁止进入现场进行起重吊装作业；如发现吊装用钢丝绳存在断丝断股等现象，应要求更换为合格的钢丝绳后方可进行吊装作业。钢丝绳选用应符合《重要用途钢丝绳》GB 8918—2006 中对于多股钢丝绳的规定，并必须有产品检验合格证。

2）钢丝绳使用注意事项

① 钢丝绳应防止打结和扭曲。

② 切断钢丝绳时应采取防止绳股散开的措施。

③ 钢丝绳应保持良好的润滑状态，润滑剂应符合该绳的要求且不影响外观检查；钢丝绳每年应浸油一次。

④ 钢丝绳不得与物体的棱角直接接触，应在棱角处垫以半圆管、橡胶板等。

⑤ 起重机的起升机构和变幅机构不得使用编结接长的钢丝绳。

⑥ 钢丝绳在机械运动中不得与其他物体或相互间发生摩擦。

⑦ 钢丝绳严禁与任何带电体、炽热物体或火焰接触。

⑧ 钢丝绳不得相互直接套挂连接。

⑨ 钢丝绳应存放在室内通风、干燥处，并防止损伤、腐蚀或其他物理、化学因素造成的性能降低。

⑩ 钢线绳端部用绳卡固定连接时，绳卡压板应在钢丝绳主要受力的一边，绳卡间距应不小于钢丝绳直径的 6 倍，绳卡的数量应不少于表 5.4 的要求。

钢丝绳端部固定用绳卡的数量				表 5.4
钢丝绳直径（mm）	7~18	19~27	28~37	38~45
绳卡数量（个）	3	4	5	6

⑪ 对绳卡连接的牢固情况应经常进行检查（图 5.17）。对不易接近处，可采用将绳头放出安全弯的方法进行监视。

⑫ 钢丝绳用编结法连接时，编结长度应大于钢丝绳直径的 15 倍，且不得小于 300mm。

图 5.17　吊装钢丝绳卡扣

⑬ 采用楔形套固定时，楔形套型号与钢丝绳直径应匹配，楔形套不得有裂纹。尾绳用单个绳卡卡紧或用细钢丝绑扎，细钢丝绑扎长度不小于绳径的 1.5 倍，防止尾绳松散。

⑭ 通过滑轮的钢丝绳不得有接头。

3）钢丝绳质量要求及报废规定

钢丝绳质量应符合《重要用途钢丝绳》GB 8918—2006 的要求，应按照《起重机 钢丝绳 保养、维护、检验和报废》GB/T 5972—2016 进行检验和检查，钢丝绳应有制造厂签发的产品技术性能和质量证明文件。使用的钢丝绳规格、型号应符合该机说明书要求并与滑轮和卷筒相匹配，穿绕正确，不得有扭结、压扁、弯折、断股、断丝、断芯、笼状畸变等变形。钢丝绳有下列情形之一时应报废：

① 表层钢丝绳直径磨损超过原直径的 40%。

② 钢丝绳直径减小量达到 7%。

③ 钢丝绳有明显的内部腐蚀。

④ 局部外层钢丝绳伸长呈笼状畸变。

⑤ 钢丝绳出现整股断裂。

⑥ 钢丝绳的纤维芯直径增大较严重。

⑦ 钢丝绳发生扭结、变折等塑性变形，麻芯脱出，受电弧高温灼伤影响钢丝绳性能指标。

4）滑车及滑车组

① 滑车应按铭牌规定的允许负荷使用。如无铭牌，应经计算及试验合格后方可使用。

② 滑车及滑车组使用前应进行检验和检查。当出现下列情况之一时，不得使用，应予以报废：轮槽壁厚磨损达原尺寸的 20%；轮槽不均匀磨损达 3mm 以上；轮槽底部直径减小量达钢丝绳直径的 50%；有裂纹、轮沿破损等。

③ 在受力方向变化较大的场合和高处作业中，应采用吊环式滑车；如采用吊钩式滑车，必须对吊钩采取封口保险措施。

④ 使用开门滑车时，必须将开门的钩环锁紧。

⑤ 滑车组两滑车滑轮中心间的最小距离不得小于表 5.5 的要求。

滑车组两滑车滑轮中心最小允许距离　　　　　　　　　　　　　　　　　表 5.5

滑车起重量（t）	滑轮中心最小允许距离（mm）	滑车起重量（t）	滑轮中心最小允许距离（mm）
1	700	10 ~ 20	1000
5	900	32 ~ 50	1200

5）吊钩

① 吊钩上必须具有防绳松脱的保护装置。

② 吊钩和吊环严禁补焊，当出现下列情况之一时必须更换：表面有裂纹、破口；危险断面及钩颈有永久变形；挂绳处断面磨损超过原厚度的 10%；吊钩衬套磨损超过原厚度的 50%；心轴（销子）磨损超过其直径的 3% ~ 5%。

③ 吊具严禁使用螺纹钢制作。

（3）吊装管理

1）吊装作业必须编制专项吊装方案，经施工单位技术负责人审核签字，不需要专家论证的，由项目总监理工程师审核签字；需要专家论证的，必须组织专家论证，根据论证报告修改、完善方案，并经单位技术负责人、总监理工程师、建设单位项目负责人签字后，方可组织实施（图 5.18）。

图 5.18　起重吊装审批

2）作业前，起重作业人员应进行班前会，会上应告知吊装注意事项及周边作业环境，包括地基基础、地下管线、架空线路、周围构筑物等，并与其他作业点和环境因素保持安全距离，设置吊装危险区域，悬挂安全警示牌，禁止无关人员进入（图 5.19）。

图 5.19　吊装安全管理

3）起重吊装作业应严格遵守吊装作业"十不吊"规定，并做好交接班记录，委派现场安全管理人员及技术管理人员现场监管，大型吊装按要求执行领导带班制度（图 5.20）。

4）停止作业后，应将所有操纵杆放在空挡位置，各制动器加保险固定（图 5.21）。履带吊将起重臂转至顺风方向并降至 40°～60°，吊钩提升至接近顶端位置；汽车吊将起重臂全部收缩在支架上，收回支腿，吊钩用专用钢丝绳挂牢。遇有雷雨、大雾和 6 级以上大风等恶劣天气时，应停止一切操作，履带式起重机应停放在地势较高处，并将起重臂放至最低位置，龙门吊应放好铁楔，夹紧夹轨器并拉紧缆风绳。

图 5.20　吊装作业

图 5.21　吊装后防护

5.4.3　施工机具安全管理

（1）一般规定

1）作业前应对操作人员进行安全技术交底，并严格遵守《建筑机械使用安全技术规程》JGJ 33—2012 的要求。

2）严禁设备超负荷或带病作业。

3）作业时，应密切关注周边作业环境，有危险时应立即撤离。

4）作业完成后，应切断设备电源或关闭发动机，锁好制动，锁闭门窗。

（2）成槽机（图 5.22）

1）成槽机的运作必须在视线范围之内，成槽机上严禁站人。

2）回转前必须确认周围无人，在任何情况下都不允许在作业人员的头顶上或运送车辆驾驶室顶上回转。

3）成槽机起升超高，操纵室内警报器发出警报后，应立即停止起升。

4）禁止对成槽机和摇臂施加横向荷载。

5）离开机械时，必须将成槽机降到地面放稳，并将所有操作杆都按停机要求放置。

图 5.22　成槽机

（3）土方机械（挖掘机、装载机、压路机等）

1）作业前，应查明施工场地明、暗设置物（架空电线、地下电缆、管线、坑道等）的地点和走向，并采用明显记号标明。

2）行驶或作业中，除驾驶员外，任何人不得乘坐土方机械。

3）挖掘机作业时，回转半径内严禁站人。

（4）钢筋机具

弯曲机、切断机等钢筋机械要固定牢靠，钢筋机具传动部分要有可靠的防护罩，并刷警示油漆（图 5.23）。

1）固定式钢筋机械应有可靠的基础，安装稳固，有足够的工作空间。

2）供电线路应采用埋地敷设的方式，接近机位的垂直引出线应有防护套管保护。

3）每台钢筋机械应固定设置专用开关箱，开关箱与钢筋机械的距离不应大于 3m。

图 5.23　数控钢筋弯曲机

（5）电焊机

1）电焊机一次接线长度不应超过 5m，二次接线长度不应超过 30m，外壳要有可靠的接零保护（图 5.24）。

2）需频繁进行高空吊装使用或长期设置电焊机的场地，要求制作专用小车，居中位置设置钢筋门，上锁，四角焊接钢筋吊环，均刷警示油漆。

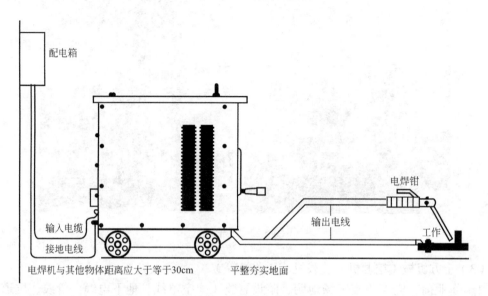

图 5.24　电焊机接线示意

（6）氧气、乙炔管理

1）施工现场必须设置氧气、乙炔危险品专用仓库，外表宜分别用蓝色和黄色区分。仓库与生活区保持安全距离，仓库占地面积不得小于 $4m^2$，通风良好，有遮阳棚及隔热措施，并安装防盗锁。

2）仓库正面张贴重点防火部位管理制度和责任人，并悬挂防火重点部位警示牌，配备灭火器。

3）氧气、乙炔仓库应分类存放，不得混放，仓库要有专人管理（图 5.25）。

图 5.25　氧气、乙炔放置

4）氧气瓶和乙炔瓶必须分开存放，间距不应小于 10m，使用间距不应小于 5m，与明火间距不应小于 10m。气瓶使用和运输的过程中应使用小推车，气瓶应有防振圈，随车配置消防箱。

5）夏季气瓶防护需采取防晒措施。

（7）鼓励企业采用智能化设备（图 5.26）

以具有远程定位和数据采集功能的挖掘机为例，通过 GPS 设备远程定位和数据采集功能，能对机械在使用过程中的定位、工作时间、运动轨迹、加油数量统计、油耗统计、停滞时间等问题进行实时的自动统计与自动分析，并将数据自动上传至网络云端。

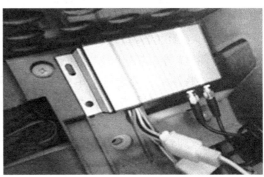

图 5.26　施工智能化设备

5.5　市政工程安全技术管理

5.5.1　安全施工组织设计

《建筑法》规定，施工企业在编制施工组织设计时，应当根据建设工程的特点制定相应的安全技术措施；对于专业性较强的工程项目，应当编制专项安全施工组织设计，并采取安全技术措施。《建设工程安全生产管理条例》规定，施工单位应当在施工组织设计中编制安全技术措施和施工现场临时用电方案。

《市政工程施工组织设计规范》GB/T 50903—2013 第 6.3 节明确规定：

（1）根据工程特点，项目经理部应建立安全施工管理组织机构，明确职责和权限。

（2）应根据工程特点建立安全施工管理制度。

（3）应根据危险源辨识和评价的结果，按工程内容和岗位职责对安全目标进行分解，并制定必要的控制措施。

（4）应根据工程特点和施工方法编制安全专项施工方案目录及需专家论证的安全专项施工方案目录。

（5）确定安全施工管理资源配置计划。

5.5.2　危险性较大分部分项工程

《建设工程安全生产管理条例》规定，对下列达到一定规模的危险性较大的分部分项工程编制专项施工方案，并附具安全验算结果，经施工单位技术负责人、总监理工程师签字后实施，由专职安全生产管理人员进行现场监督：①基坑支护与降水工程；②土方开挖工程；③模板工程；④起重吊装工程；⑤脚手架工程；⑥拆除、爆破工程；⑦国务院建设行政主管部门或者其他有关部门规定的其他危险性较大的工程。对以上所列工程中涉及深基坑、地下暗挖工程、高大模板工程的专项施工方案，施工单位还应当组织专家进行论证、审查。

所谓危险性较大的分部分项工程，是指建设工程在施工过程中存在的、可能导致作业人员群死群伤或造成重大不良社会影响的分部分项工程。危险性较大的分部分项工程安全专项施工方案，是指施工单位在编制施工组织（总）设计的基础上，针对危险性较大的分部分项工程单独编制的安全技术措施文件。

2018年6月1日起施行的《危险性较大的分部分项工程安全管理规定》（住房和城乡建设部令第37号）规定，建设单位应当组织勘察、设计等单位在施工招标文件中列出危险性较大工程清单，要求施工单位在投标时补充完善危险性较大工程清单并明确相应的安全管理措施；建设单位应当按照施工合同约定及时支付危险性较大工程施工技术措施费以及相应的安全防护文明施工措施费，保障危险性较大工程施工安全；建设单位在申请办理安全监督手续时，应当提交危险性较大工程清单及其安全管理措施等资料。

（1）安全专项施工方案的编制

《危险性较大的分部分项工程安全管理规定》明确，施工单位应当在危险性较大的分部分项工程施工前编制专项方案；对于超过一定规模的危险性较大的分部分项工程，施工单位还应当组织专家进行论证、审查。

市政工程实行施工总承包的，专项方案应当由施工总承包单位组织编制。其中，起重机械安装拆卸工程、深基坑工程、附着式升降脚手架等专业工程实行分包的，其专项方案可由专业施工单位组织编制。

专项方案编制应当包括以下内容：①工程概况，包括危险性较大的分部分项工程概况、施工平面布置、施工要求和技术保证条件。②编制依据，包括相关法律、法规、规范性文件、标准及图纸（国标图集）、施工组织设计等。③施工计划，包括施工进度计划、材料与设备计划。④施工工艺技术，包括技术参数、工艺流程、施工方法、检查验收等。⑤施工安全保证措施，包括组织保障、技术措施、应急预案、监测监控等。⑥劳动力计划，包括专职安全生产管理人员、特种作业人员等。⑦计算书及相关图纸。

（2）安全专项施工方案的审核

专项方案应当由施工单位技术部门组织本单位施工技术、安全、质量等部门的专业技术人员进行审核。经审核合格的，由施工单位技术负责人签字。实行施工总承包的，专项方案应当由总承包单位技术负责人及相关专业施工单位技术负责人签字。不需专家论证的专项方案，经施工单位审核合格后报监理单位，由项目总监理工程师审核签字。

超过一定规模的危险性较大的分部分项工程专项方案应当由施工单位组织召开专家论证会；实行施工总承包的，由施工总承包单位组织召开专家论证会。

施工单位应当根据论证报告修改、完善专项方案，并经施工单位技术负责人、项目总监理工程师、建设单位项目负责人签字后，方可组织实施；实行施工总承包的，应当由施工总承包单位、相关专业施工单位技术负责人签字。

专项方案经论证后需做重大修改的，施工单位应当按照论证报告修改，并重新组织专家进行论证。

（3）安全专项施工方案的实施

施工单位应当严格按照专项方案组织施工，不得擅自修改、调整专项方案。如因设计、结构、外部环境等因素发生变化确需修改的，修改后的专项方案应当按规定重新审核。对于超过一定规模的危险性较大工程的专项方案，施工单位应当重新组织专家进行论证。

施工单位应当指定专人对专项方案实施情况进行现场监督和按规定进行监测。发现不按照专项方案施工的，应当要求其立即整改；发现有危及人身安全紧急情况的，应当立即组织作业人员撤离危险区域。施工单位技术负责人应当定期巡查专项方案实施情况。

对于按规定需要验收的危险性较大的分部分项工程，施工单位、监理单位应当组织有关人员进行验收。验收合格的，经施工单位项目技术负责人及项目总监理工程师签字后，方可进入下一道工序。

5.5.3 安全施工技术交底

《建设工程安全生产管理条例》规定，建设工程施工前，施工单位负责项目管理的技术人员应当对有关安全施工的技术要求向施工作业班组、作业人员作出详细说明，并由双方签字确认。

安全技术交底，通常有施工工种安全技术交底、分部分项工程施工安全技术交底、大型特殊工程单项安全技术交底、设备安装工程技术交底以及采用新工艺、新技术、新材料施工的安全技术交底等。

《危险性较大的分部分项工程安全管理规定》中要求，专项施工方案实施前，编制人员或者项目技术负责人应当向施工现场管理人员进行方案交底；施工现场管理人员应当向作业人员进行安全技术交底，并由双方和项目专职安全生产管理人员共同签字确认。

5.6 市政工程施工安全管理要点

5.6.1 市政工程施工常见事故类型

（1）高处坠落

1）临边、洞口处坠落

事故原因：无防护设施或防护不规范，如防护栏杆的高度低于 1.2m；横杆不足两道，仅有一道；在无外脚手架及尚未砌筑围护墙的临空边缘作业，防护栏杆柱无预埋件固定或固定不牢固；洞口防护不牢靠，洞口虽有盖板，但无防止盖板位移的措施等。

2）脚手架上坠落

事故原因：搭设不规范，如相邻的立杆（或大横杆）接头在同一平面上，扫地杆、剪刀撑、连墙点任意设置等；架体外侧无防护网，架体内侧与构筑物之间的空隙无防护或防护不严；脚手板未满铺或铺设不严、不稳等。

3）悬空高处作业时坠落

事故原因：安装或拆除脚手架、模板支架等高处作业时，作业人员没有系安全带，也无其他防护设施，或作业时用力过猛，身体失稳而坠落等。

4）登高过程中坠落

事故原因：无登高梯道，随意攀爬脚手架、井架登高；登高斜道面板、梯档破损、踩断；登高斜道无防滑措施等。

5）梯上坠落

事故原因：梯子未放稳，人字梯两片未系好安全绳带；梯子在光滑的地面上放置时，其梯脚无防滑措施，作业人员站在人字梯上移动而坠落等。

（2）触电事故

1）外电线路触电事故

主要是施工中碰触施工现场周边的架空线路而发生的触电事故，分析原因为：

① 施工作业面与外电架空线之间没有达到规定的最小安全距离，也没有按规范要求增设屏障、遮栏、围栏或保护网，在外电线路难以停电的情况下（图5.27），进行违章冒险施工。特别是在搭、拆钢管脚手架，或在高处绑扎钢筋、支搭模板等作业时发生此类事故较多。

图 5.27 电线悬挂在钢筋上

② 挖掘、起重机械在架空高压线下方作业时，吊臂的最远端与架空高压电线间的距离小于规定的安全距离，作业时触碰裸线或集聚静电荷而造成触电事故。

2）施工机械漏电事故

分析事故原因为：

① 施工机械往往在多个施工现场使用，需不停地移动，环境条件较差（泥浆、锯屑污染等），带水作业多，如果保养不好，机械易漏电。

② 施工现场的临时用电工程没有按要求做到"三级配电、三级保护"。有的工地虽然安装了漏电保护器，但选用保护器规格不当，认为只要装上漏电保护器就有了保险，在开关箱中装上了50mA×0.1s规格，甚至更大规格的漏电保护器，结果关键时刻起不到保护作用；有的工地没有采用TN-S保护系统；有的工地迫于规范要求，但不熟悉技术，拉了

五根线就算"三相五线"，工作零线（N）与保护零线（PE）混用（图 5.28）；有的施工机具任意拉接，用电保护混乱造成安全事故多发。

图 5.28　缺少接零保护

3）手持电动工具漏电

事故原因：没有按照《施工现场临时用电安全技术规范》JGJ 46—2005 的要求进行有效的安全用电；电动工具操作者没有戴绝缘手套、穿绝缘鞋等（图 5.29）。

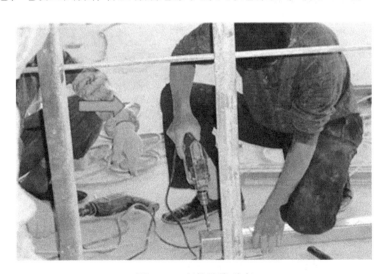

图 5.29　未戴绝缘手套

4）电线电缆的绝缘保护层老化、破损及接线混乱造成漏电

事故原因：有些施工现场的电线、电缆"随地拖、一把抓、到处挂"，乱拉、乱接线路，接线头不用绝缘胶布包扎；露天作业电气开关放在木板上，不用电箱，特别是移动电箱无门，任意随地放置；电箱的进、出线任意走向，接线处带电体裸露（图 5.30），不用接线端子板，"一闸多机"，多根导线接头任意绞、挂在漏电开关或保险丝上；移动机

具在插座接线时不用插头，使用小木条将电线头插入插座等。上述现象造成的触电事故是较普遍的。

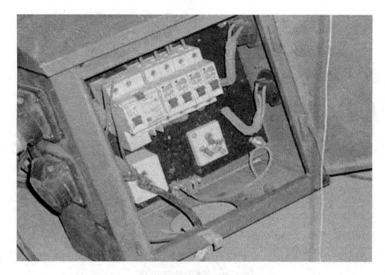

图 5.30　带电体裸露

5）照明及违章用电

事故原因：移动照明，特别在潮湿环境中作业时，不使用安全电压；用灯泡烘衣、袜或取暖等违章用电行为造成事故（图 5.31）。

图 5.31　违章用电

（3）物体打击

物体打击是指失控物体的惯性力对人身造成的伤害，包括高处落物、飞溅物、滚物及掉、倒物等造成伤害。物体打击伤害事故范围较广，在施工中主要有：

1）高处落物伤害

事故原因：堆放材料超高，堆放不稳，造成散落；作业人员在作业时将材料、废料等随手往地面扔掷；拆脚手架、支模架时，拆下的构件、扣件不通过垂直运输设备运往地面，而是随拆随往下扔；在同一垂直面、立体交叉作业时，下层间未设置安全隔离层；起重吊装时材料散落，造成落物伤害事故等。

2）飞塌物打击伤害

事故原因：爆破作业时安全覆盖、防护等措施不周；工地调直钢筋时没有可靠防护措施，比如，使用卷扬机拉直钢筋时，夹具脱落或钢筋拉断，钢筋反弹击伤人；使用有柄工具时没有认真检查，作业时手柄断裂，工具头飞出击伤人等。

3）滚物伤害

事故原因：基坑边堆物不符合要求，如砖、石、管材等滚落到基坑、桩洞内造成基坑、桩洞内作业人员受到伤害等。

4）从物料堆上取物料时，物料散落、倒塌造成伤害

事故原因：物料堆放不符合安全要求，取料者也图方便不注意安全，比如，长杆件材料竖直堆放，受振动不稳倒下砸伤人；抬放物品时抬杆断裂，造成物击、砸伤事故；物料自卸车卸料时，作业人员受到栏板撞击等。

（4）机械伤害

机械伤害主要是违章指挥、违章操作，或机械安全保险装置没有或不可靠，或上述两个原因并存而导致的。此外，使用已报废的机械也是造成事故的一个原因。

1）违章指挥

① 施工指挥者指派了未经安全知识和技能培训合格的人员从事机械操作。

② 为赶进度不执行机械保养制度和定机定人责任制度。

③ 使用报废机械。

2）违章操作

主要是操作人员图方便，有章不循，违章作业。比如，施工现场不戴安全帽；高空作业不系安全带；擅自变更配电箱内电器装置；不走安全通道，登高不走人行栈桥等；机械运转中进行擦洗、修理；非机械工擅自启动机械操作等。

3）没有使用或不正确使用个人劳动保护用品

如电焊时不使用防护面罩，电工作业时不穿绝缘鞋等。

4）没有安全防护和保险装置，或装置不符合要求

如机械外露的转（传）动部位（如齿轮、传送带等）没有安全防护罩；圆盘锯无防护罩、无分料器、无防护挡板；吊机的限位、保险不齐全或虽有却失效等。

5）机械不安全状态

如机械带病作业，机械超负荷使用，使用不合格机械或报废机械等。

（5）坍塌

随着桥梁、高架道路、水工构筑物建设量的增多，基础开挖的深度越来越大。近年来，坍塌事故呈上升趋势，坍塌事故的主要部位及原因如下：

1）基坑、基槽开挖及人工扩孔桩施工过程中的土方坍塌

事故原因：坑槽开挖没有按规定放坡，基坑支护没有经过设计，或施工时没有按设计要求支护（图 5.32）；支护材料质量差，造成支护变形、断裂；边坡顶部荷载大（如在基坑边沿堆土、管材等，土方机械在边沿处停靠）；排水措施不当，造成坡面受水浸泡产生

滑动而塌方；冬春之交破土时，没有针对土体胀缩因素采取护坡措施。

图 5.32　基坑坍塌

2）模板坍塌

模板坍塌（图 5.33）是指用扣件式钢管脚手架、各种木杆件或竹材搭设的构筑物的模板，因支撑杆件刚性不够、强度低，在浇筑混凝土时失稳造成模板上的钢筋和混凝土塌落事故。模板支撑失稳的主要原因是没有进行有效、正确的设计计算，未编写专项施工方案，施工前也未进行安全交底。特别是混凝土输送管路，往往附着在模板上，输送混凝土时产生的冲击和振动极易加速支撑的失稳。

图 5.33　模板坍塌

3）脚手架倒塌

事故原因：没有认真按规定编制施工专项方案，没有执行安全技术措施和验收制度；架子工属特种作业人员，必须持证上岗，但目前，架子工普遍文化水平较低，安全技术素质不高，专业性施工队伍少；脚手架所用的管材有效直径普遍达不到要求，搭设不规范，特别是相邻杆件接头、剪刀撑、连墙点的设置不符合安全要求等。如图 5.34 所示。

图 5.34　脚手架倒塌

5.6.2　市政工程施工安全事故预防

多年来市政行业制定了安全生产方面的法律、法规和标准，特别是自 1995 年以来，国家建设行政主管部门提出以治理五大伤害事故为主的专项治理工作，收到了很好的效果。

（1）依据施工安全技术标准组织施工

自 1988 年以来，住房和城乡建设部（原建设部）先后出台了多项施工安全技术方面的标准，如《施工现场临时用电安全技术规范》JGJ 46、《建筑施工高处作业安全技术规范》JGJ 80、《建筑施工扣件式钢管脚手架安全技术规范》JGJ 130 及《市政工程施工安全检查标准》CJJ/T 275 等，这些标准从各自专业的角度，对安全技术提出了要求，并作出了明确的规定，使安全生产由定性管理提升为定量管理。特别是《市政工程施工安全检查标准》利用系统工程学的原理，对市政工程施工近 10 年来发生的伤亡事故作了分析，针对易发和多发事故有关的工序和部位，以检查表的形式提出了科学的、量化的要求，共有 18 张检查表、168 个检查项目、573 条检查评定的内容。五大伤害事故易发生的工序、部位和作业程序，都包括在这些检查表中，每一项都有具体要求。在施工过程中只要按照这些要求去做，即可预防、消除大量的伤亡事故。安全技术标准中的很多条文，都是用施工中血的教训换来的，是科学规律的总结，具有约束力和强制性，是建立安全生产的正常秩序，也是保障施工过程中操作者安全和健康的法律依据。施工企业在施工现场必须按照安全技术标准的要求组织施工，以避免高处坠落、触电、物体打击、机械伤害、坍塌及其他类别事故的发生。

（2）认真执行安全技术管理制度

《建筑法》第 38 条规定，施工企业在编制施工组织设计时，应当根据工程的特点制定相应的安全技术措施；对专业性较强的工程项目，应当编制专项安全施工组织设计，并采取安全技术措施。施工安全技术措施是指对每项工程施工中存在的不安全因素进行预先分析，从技术上和管理上采取措施，从而控制和消除施工中的隐患，防止发生伤亡事故。施工安全技术措施是工程施工中实现安全生产的纲领性文件，必须认真执行。

（3）建立、健全安全生产责任制，做到人人管生产，人人管安全

按照标准要求组织施工，执行安全技术管理，不能是纸上谈兵，必须落到实处，这就需要有责任制。《建筑法》中明确了建设单位、设计单位、监理单位和施工单位的安全生产责任。消除伤亡事故，施工企业和施工项目部负有直接责任。因此，关键是企业和施工现场要有健全的安全生产责任制。按照《建筑法》的要求，施工企业的法定代表是安全生产的第一责任人，必须处理好安全与生产、安全与效益的关系，努力改善施工环境和作业条件，制定安全防范措施并且组织实施。要做到这一点，就要在企业中建立、健全以第一责任人为核心的分级负责的安全生产责任制。在由工程项目部组织施工的施工现场，与企业一样，项目负责人（项目经理）应为本工程项目的安全生产第一责任人，并应制定以第一责任人为核心的各类人员的安全生产责任制。对于总包和分包单位的安全责任也应明确，总包单位对施工现场进行统一管理，并对安全生产负全面责任；分包单位要向总包单位负责，服从总包单位的管理。

安全生产贯穿于施工生产的全过程，存在于施工现场的各种事物中，也可以说，凡与施工现场有关的人员，都要负起与自己有关的安全生产责任。为了使安全生产责任制能落到实处，企业和施工单位还应制定责任制落实情况的考核办法，这样才能给落实安全生产责任打下基础。责任落实了，在施工中的安全生产工作就能做到"人人管生产，人人管安全"，也就实现了责任制要"纵向到底，横向到边"的要求。

（4）搞好安全教育培训

安全教育培调是实现安全生产的一项重要基础工作。只有通过安全教育培训，才能提高各级领导、管理人员和广大工人的安全意识和落实安全生产责任制的自觉性，使广大职工掌握安全生产法规和安全生产知识，提高各级领导和管理人员对安全生产的管理水平，提高广大工人的安全操作技能，增强自我保护能力，减少伤亡事故。为此，《建筑法》第46条规定："施工企业应当建立健全劳动安全生产教育培训制度，加强对职工安全生产的教育培训；未经安全生产教育培训的人员，不得上岗作业。"建设部于1997年下发的《建筑业企业职工安全培训教育暂行规定》明确规定，企业职工必须定期接受安全培训教育，坚持先培训、后上岗制度，并具体规定了各类人员每年应培训的时间：企业法定代表人不得少于30学时；企业其他管理人员和技术人员不得少于20学时；企业专职安全管理人员不得少于40学时；企业其他职工不得少于15学时；特种作业人员在通过专业安全技术培训并取得岗位操作证后，每年还应接受有针对性的安全培训，时间不得少于20学时；企业待岗、转岗、换岗的职工，在重新上岗前，必须再接受一次安全培训，时间不得少于20学时；新工人必须先接受"三级安全教育"再上岗，公司级安全教育不得少于15学时，项目级不得少于15学时，班组级不得少于20学时。

（5）搞好施工人员的安全保障

目前，工程项目正逐步实施标准化管理。工程项目标准化管理，是指制定工程项目管理标准，组织实施标准并对标准的实施进行监督活动的总称。从人的角度来说，标准化是

以标准规范每个管理人员和操作人员的行为，约束人的不安全行为；从物的角度看，标准化是一种技术准则，消除物的不安全状态，建立良好的生产秩序，创造安全的生产环境。

工程施工人员应熟练掌握"三宝"的正确使用方法，达到辅助预防的效果。"三宝"是指现场施工作业中必备的安全帽、安全带和安全网，其正确的使用方法和安全注意事项如下：

1）安全帽，是用来避免或减轻外来冲击和碰撞对头部造成伤害的防护用品，其正确使用方法如下：

① 检查壳是否破损，如有破损，其分解和削减外来冲击力的性能已减弱或丧失，不可再用。

② 检查有无合格帽衬，帽衬的作用在于吸收和缓解冲击力，安全帽无帽衬就失去了保护头部的功能。

③ 检查帽带是否齐全。

④ 调整好帽衬间距（约 4~5cm），调整好帽箍。

⑤ 戴帽并系好帽带。

⑥ 现场作业中，切记不得随意将安全帽脱下搁置一旁，或当坐垫使用。

2）安全带，是高处作业工人预防伤亡的防护用品，其使用注意事项如下：

① 应当使用经质检部门检查合格的安全带。

② 不得私自拆换安全带的各种配件，在使用前，应仔细检查，确认各部分配件无破损时才能佩系。

③ 在使用过程中，安全带应高挂低用，并防止摆动、碰撞，避开尖刺，不得接触明火，不能将钩直接挂在安全绳上，一般应挂到连接环上。

④ 严禁使用打结和有接头的安全绳，以防坠落时腰部受到冲力伤害。

⑤ 作业时应将安全带的钩、环牢挂在系留点上，各卡要扣紧，以防脱落。

⑥ 在温度较低的环境中使用安全带时，要注意防止安全绳硬化割裂。

⑦ 使用后，将安全带、绳卷成盘放在无化学试剂、阳光的场所中，切不可折叠。在金属配件上涂机油，以防生锈。

⑧ 安全带的使用期是 3~5 年，在此期间，安全绳磨损的，应及时更换；带子破裂的，应提前报废。

3）安全网，是在施工现场用来防止人、物坠落，或用来避免、减轻坠落及物击伤害的网具。安全网的架设和拆除要严格按照施工负责人的安排进行，不得随意拆毁安全网。在使用过程中，不得随意向网上乱抛杂物或撕坏网片。

5.6.3 市政工程各专业安全管理要点

（1）道路施工（图 5.35）

1）道路工程施工，其围护等设施应满足《市政工程施工安全检查标准》CJJ/T 275—2018 的相关要求。

2）项目部必须根据有关部门批准的交通组织方案，按要求设置警示标志和警示灯。施工区域与非施工区域应设立分隔设施，临时出入口的设置应不影响交汇车辆视角，确保安全。

图 5.35　城市道路施工

3）项目部应落实现场管理人员。

4）项目部应结合实际情况编制现场的排水方案，确保雨、污水排放通畅，不破坏环境；利用原有排水设施排水的，应合理设置沉淀池，避免堵塞排水管道。

5）车辆进出点应设立冲洗设施，并设置排水沟和沉淀池，确保净车出场。

6）材料、机具应按规定堆放，不得堆放在便道、车行道、人行道上。现场各类井口必须设盖，作业完毕后应及时封盖。在井下或管道内作业时，井外或管道外必须安排人员监护。

7）施工涉及地下管线时，项目部应根据有关单位的交底对地下管线进行现场标识，并安排专人监护。

8）现场便道、路基、行车道应确保平整、通畅，不得影响行车安全。

9）倒车卸料、物料起吊应有专人指挥，起吊、打桩等严禁在架空输电线路下作业。

10）工程完工后应及时清除市政垃圾。

（2）管线施工（图 5.36）

图 5.36　雨、污水管道施工

1）管线（燃气、供水、热力、排水等）工程施工，应在施工方案中明确安全生产、文明施工措施，并按规定制订各主要工序、部位所涉及的安全技术专项方案，管线施工时必须编制电力及电信管线保护方案。

2）临街道路及风景区施工，必须设置高度不低于 2.1m 的围护，以确保施工区域与非施工区域得到有效隔离。

3）沟槽施工方案中应合理确定挖槽断面和堆土位置。堆土高度不得超过 1.5m，距沟槽、基坑边不小于 1m；堆土靠沟槽、基坑侧不得堆放工具、石块等硬质物件。

4）沟槽开挖深度超过 2m 的，必须及时设置支撑；开挖深度超过 3m 的，不得采用横板支撑；开挖深度超过 5m 的，必须编制安全技术专项方案，由专家论证，并明确监测方式。

5）井点降水应实行监测，并明确记录方式。当降水可能影响区域内市政物、地下构筑物及地下管线时，必须采取明确的保护措施。

6）施工涉及树木、电杆的，应及时与主管部门协商，落实加固和防护措施，消除安全隐患。

7）沉井作业，必须落实现场监护，并采取有效的防护措施。

8）机械下管时，现场必须安排指挥人员，起重机械与沟槽边壁的安全距离应不小于 1m。

9）拆封头后进入管道、管井内清淤作业，必须落实安全措施，并按规定办理审批手续。

10）深度超过 2m 的沟槽，必须设置警示标志，并对涉及的主要道口进行全封闭围护。

（3）顶管施工（图 5.37）

图 5.37　顶管施工

1）顶管前，根据地下顶管法施工技术要求，按实际情况制订出符合标准、规程、设计要求的专项安全技术方案。

2）顶管后座安装时，如发现后背墙面不平或顶进时枕木压缩不均匀，必须调整、加固后方可顶进。

3）顶管工作坑采用机械挖土方时，现场应有专人指挥装车，堆土应符合有关规定，不得损坏任何构筑物和预埋立撑；工作坑如果采用混凝土灌注桩连续壁，应严格执行有关的安全技术规程操作；工作坑四周或坑底必须有排水设备及措施；工作坑内应设符合规定并牢固的安全梯；下管作业过程中，工作坑内严禁有人作业。

4）吊装顶铁或管材时，严禁把杆回转半径内人员停留；往工作坑内下管时，应穿保险铜丝绳，并缓慢地将管子送入轨道就位，防止滑脱坠落或冲击轨道，同时，坑下人员应站在安全角落。

5）垂直运输设备的操作人员，应在作业前对设备各部分进行安全检查，确认无异常后方可作业；作业时精力集中，服从指挥，严格执行起重设备作业有关的安全操作规程。

6）安装后的轨道应牢固，不得在使用中产生位移，并应经常检查校核，两导轨应顺直、平行、等高，其纵坡应与管道设计坡度一致。

7）在拼接管段前或因故障停顿时，应加强联系，及时通知管头操作人员，停止挖进，防止因超挖造成塌方，并应在长距离顶进过程中加强通风。

8）顶进过程中，对机头进行维修和排除障碍时，必须采取防止冒顶塌方的安全措施，严禁在运行的情况下进行检查和调整，以防伤人。

9）顶进过程中，油泵操作工应严格注意观察油泵压力是否均匀渐增，若发现压力骤然上升，应立即停止顶进，待查明原因后方能继续顶进。

10）管子的顶进或停止，应以管头发出信号为准。遇到顶进系统发生故障或在拼管子前20min，即应发出信号给管头操作人员，引起注意。

11）顶进作业时，一切操作人员不得在顶铁上方、两侧站立操作，严禁穿行。对顶铁要有专人观察，以防发生崩铁伤人事故。

12）顶进作业一般应连续进行，不得长期停机，以防止地下水渗出，造成坍塌。顶进时应保持管头部有足够多的土塞；若遇土质差或因地下水渗流可能造成塌方时，则将管头部灌满以增大水压力。

13）管道内的照明系统应采用安全电压12V的灯具。每班顶管前，电工要仔细检查各种线路是否正常，确保安全施工。

14）纠偏千斤顶应与管节绝缘良好，操作电动高压油泵应戴绝缘手套。

15）顶进中应有防毒、防燃、防爆、防水淹的措施，顶进长度超过50m时，应有通风供氧的措施，防止管内人员缺氧窒息。

16）在土质较差、土中含水量大、容易塌方的地段施工时，管前端应加一定长度的刚性管帽，管帽应先顶入土层中，再按规定的掏挖长度挖土。

17）顶进作业中，坑内上下吊运物品时，坑下人员应站在安全位置。吊运机具作业应遵守有关的安全技术操作规程。

18）在公路、铁路段施工时，应对路基采取一定的保护措施，确保汽车、列车运行安全。当列车通行时，应停止作业，人员暂时撤离到离土坡（作业区）1m以外的安全地区。

（4）桥涵施工（图 5.38）

图 5.38　城市高架桥施工

1）桩基施工必须编制施工方案，操作人员必须持证上岗，严格遵守操作规程，确保设备合格及正常运转。临时线路敷设应符合有关规定。设备进场前必须办理相关的报验程序，并携带相应的随机证件。

2）泥浆池应按规定进行设置，泥浆存放不得溢出泥浆池，且需沉淀处理后排放。

3）泥浆池必须设置夜间照明设施，并设置警示标志；钻孔后必须采取围护设施或加盖。

4）现场钢管扣件式脚手架必须符合《建筑施工扣件式钢管脚手架安全技术规范》JGJ 130—2011 的要求，门式支架必须符合《建筑施工门式钢管脚手架安全技术标准》JGJ/T 128—2019 的要求，碗扣支架必须符合《建筑施工碗扣式钢管脚手架安全技术规范》JGJ 166—2016 的要求，并按以下要求进行管理：

① 对搭设支架的材料进行进场验收，无合格证和检测报告的不得使用。

② 对搭设支架的材料建立台账。

③ 当用于承重支架时，必须编制安全技术专项方案，并组织验收。

5）张拉区必须设置明显的警示标志，并在两端设置挡板。

6）大型梁板、构件及材料吊装时，应在作业区外设置警示标志，并指派专人进行监护和指挥，如遇吊装区域上部或周围存在高压电线，应落实相应的防护措施，并邀请电力部门派人现场监督。

7）大型吊塔爬梯上下超过10m的，必须每隔10m设置休息平台，攀爬人员应配备必要的防护用品。

8）高空作业人员必须在上岗前进行体检，严禁带病作业。

9）桥梁施工涉及临边的，必须依据有关要求设置护栏，先围护后施工，护栏设置不得出现断挡、缺挡及强度不够等情况。

10）跨铁路、航道、道路施工，必须在临边设置满足强度要求的全封闭围挡，防止坠物伤人。

11）对未施工完的桥梁断头路，应在横向离坠落面5m处砌筑高2m、厚37cm的实心墙，内外用M10砂浆粉刷，并在后背加设高1m、宽50cm的防撞砂袋；靠行车面的外墙需油漆黄黑相间的警示图案，并根据有关规定在高度1.5m处设置交通禁行标志牌；如遇匝道口安全距离不能满足5m时，应根据实际情况设置宽度不小于1m的防撞砂袋。

（5）隧道施工（图5.39）

图5.39　城市隧道施工

1）隧道开挖时，应有安全技术专项方案，必须明确隧道支护边坡防护、爆破、排水、通风等安全措施。

2）爆破材料的运输、储存、加工及现场装药、起爆等必须严格按《爆破安全规程》GB 6722—2014进行管理。

3）炸药仓库必须设置可靠的通信装置，并安排不少于2人进行炸药的看护和保管。

4）爆破现场应安排专人进行指挥和监护，隧道入口及洞内各交叉口应设置明显的警示标志，落实人员、设备的防护设施。

5）隧道施工涉及深基坑时，应按有关要求进防护。

6）爆破和深基坑作业所涉及的市政物防护和监测措施应按施工方案进行。

7）项目部设立施工监控测量小组，强化各环节的监控和测量，并根据明确的水文地质情况，做好软弱破碎围岩的超前支护、围岩的监控测量以及地质的超前预报，严格控制围岩变形。

8）项目部应对围堰、深基坑、邻近市政物等做好监测管理，对隐患部位要勤检测、早发现、早汇报、早解决。落实应急预案，设置畅通、可靠的紧急救援和逃生通道。

9）隧道内部的施工照明必须采用安全电压。

10）隧道出渣的运输、堆放应依据设计方案进行。

5.7　市政工程应急救援

5.7.1　应急救援预案

《建设工程安全管理条例》规定，施工单位应当制定本单位生产安全事故应急救援预案，建立应急救援组织或者配备应急救援人员，配备必要的应急救援器材、设备，并定期组织演练。

施工单位应当根据市政工程施工的特点、范围，对施工现场易发生重大事故的部位、环节进行监控，制定施工现场生产安全事故应急救援预案。实行施工总承包的，由总承包单位统一组织编制市政工程生产安全事故应急救援预案，工程总承包单位和分包单位按照应急救援预案，各自建立应急救援组织或者配备应急救援人员，配备救援器材、设备，并定期组织演练。

根据《市政工程施工组织设计规范》GB/T 50903—2013 的规定，市政工程施工应急措施应符合以下要求：

（1）应急措施应针对施工过程中可能发生事故的紧急情况编制。

（2）应急措施应包括下列内容：

1）建立应急救援组织机构，组建应急救援队伍并明确职责和权限；

2）分析、评价事故可能发生的地点和可能造成的后果，制订事故应急处置程序、现场应急处置措施及定期演练计划；

3）应急物资和装备保障。

5.7.2　应急救援组织机构的设置及职责

施工项目部应建立由项目经理为组长的应急救援领导小组，组员应涵盖项目部班子副职、各职能部/室负责人以及各施工班组长。

应急救援领导小组的职责如下：

（1）贯彻落实国家、行业相关方针政策、法律法规，研究、部署相关重点工作，负责编制项目部抢险应急预案。

（2）确定项目部应急救援组织体系，明确应急机构、专业队伍、抢险物资、专用装备的设置、配备标准及相关要求。

（3）协调各专业小组的应急抢救、抢险、调查处置及舆情应对工作。

（4）负责为事故调查提供专家服务和技术支持。

（5）负责及时、如实地向上级主管机构或部门报告事故信息。

应急处置程序如图 5.40 所示。

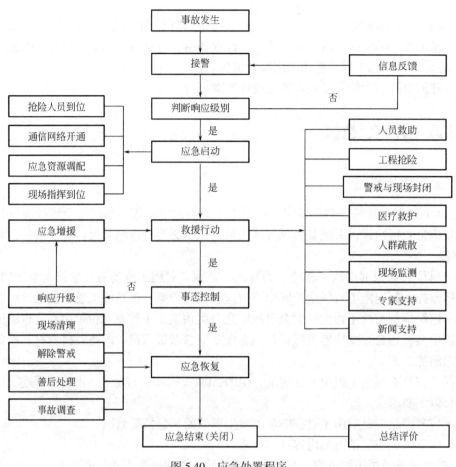

图 5.40　应急处置程序

5.7.3　应急预案的管理

（1）编制与审批

应急预案体系包括综合应急预案、工程项目应急预案和现场处置方案。

建设单位应当编制本单位综合应急预案，并按照影响周边环境事故类别编制工程项目应急预案；施工单位应当编制所承担工程项目的综合应急预案，并按工程事故、影响周边环境事故类别编制工程项目应急预案，同时制订事故现场处置方案。

应急预案的编制程序包括成立应急预案编制工作组、资料收集、风险评估、应急能力评估、编制应急预案、应急预案评审和发布等 6 个步骤。

应急预案的编制格式参见《生产经营单位生产安全事故应急预案编制导则》GB/T 29639—2020 的规定。

（2）应急预案的演练与培训

应急预案编制单位应当建立应急演练制度，根据情况采取实战演练、桌面推演等方式，组织开展联动性强、形式多样、节约高效的应急演练（图 5.41）。

施工单位应当制订应急预案演练计划，结合实际情况定期组织预案演练。建设单位、施工单位应当有针对性地经常组织开展应急演练，每年至少组织一次，视情况可加大演练频次。

施工单位应当对应急预案演练进行评估，并针对演练过程中发现的问题，对应急预案提出修订意见。评估和修订意见应当有书面记录，并及时存档。

施工单位应当定期开展应急预案和相关知识的培训，至少每年组织一次，并留存培训记录。应急预案培训应覆盖预案所涉及的相关单位和人员。建设主管部门应当监督、检查培训开展情况。

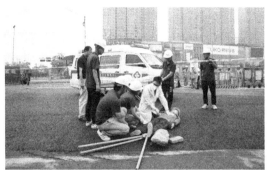

图 5.41　事故应急演练

（3）应急预案的评估与修订

1）应急预案编制单位应当建立定期评估制度，分析评价预案内容的针对性、实用性和可操作性，实现应急预案的动态优化和科学规范管理。

2）有下列情况之一的，应急预案编制单位应当修订预案，修订情况应有记录并归档：

① 有关法律、法规、规章、标准、上位预案中的有关规定发生变化的；

② 应急指挥机构、主要负责人及其职责发生调整的；

③ 市政工程建设规模发生较大变化的；

④ 市政工程质量安全风险发生较大变化的；

⑤ 市政工程设计方案、施工工法等发生较大变化的；

⑥ 在事故应对和应急演练中发现重大问题，需要作出调整的；

⑦ 应急预案编制单位认为应当修订的其他情况。

3）对应急预案中的组织指挥体系与职责、应急处置程序、主要处置措施、分类分级标准等重要内容进行修订的，应当按相关规定进行评审和备案。

5.7.4　应急物资、设备的储备

预案编制单位应按照要求，制订应急物资和设备储备计划，完善应急物资管理办法，做好应急物资的管理工作。

（1）储备种类

依照工程特点、上级部门的要求和突发事件处置的需要，主要针对突发事件的应急处

置进行物资和资金等方面的储备。储备的物资类别应包括应急装备、应急医疗器材、应急照明及电源、抢救器材、抢险救援物资、防护装备、后勤保障设备及应急设施等。

（2）储备方式

结合物资特性和应急需求，统一规划，实行实物储备、计划储备、资金储备和信息储备相结合的方式，实施动态管理，及时调整、补充储备物资（图5.42）。

1）实物储备：较为稀缺的应急物资和经常使用的应急物资，便于突发公共卫生事件发生时立即调用。

2）计划储备：对不便管理、有效期短或不能及时从市场上购买的物资，与企业签订储备合同，随时调用。

3）资金储备：对货源充足，能够及时从企业或市场上购买的物资，预留一定数量的资金并根据应急需要购置。

4）信息储备：指通过网络平台，建立工程施工应急物资储备信息库，在需要的时候能够迅速地检索出所需物资的生产、供应信息。

储备在施工现场的应急设备及物资，项目部应安排专人保管，并定期进行检查，以确保设备及物资的完好、有效，在突发事件发生时可以随时调用。

图 5.42　应急物资

（3）不同类型应急物资准备要求

1）基坑工程应急物资、资金汇总见表5.6。

基坑工程应急物资、资金汇总表　　　　　　　　　　表 5.6

序号	名称	数量	备注
1	自卸车	5辆	开工后到位
2	装载机	1辆	开工后到位
3	挖掘机	3台	现到位两台
4	起重机	2台50t、1台100t	开工后到位
5	轿车	1辆	现有
6	救护担架	两副	现有
7	防毒面罩	10个	开工后到位
8	临时急救箱	2个	开工后到位

续表

序号	名称	数量	备注
9	方锹	30把	开工后到位
10	编织袋	500个	现有
11	应急照明灯	4个	现有
12	临时围挡	100块	现有
13	反光背心	50套	现有
14	双快水泥	1t	施工时储备
15	注浆机	4台	开工后到位
16	水玻璃	3t	开工后到位
17	黄砂	15m³	开工后到位
18	潜水泵	10台	开工后到位
19	泥浆泵	10台	开工后到位
20	安全带、安全绳	各20条	开工后到位
21	消防灭火器材	50组	现有
22	反光锥形筒	20个	现有
23	应急备用金	5万元	财务专款备用

2）盾构工程应急物资、资金汇总见表5.7。

盾构工程应急物资、资金汇总表　　　　　　　表 5.7

序号	名称	数量	备注
1	常用急救箱	1个	放置于工地办公室
2	止血绷带、纱布	1箱	
3	担架	1副	
4	氧气袋	2个	
5	常用急救药品	1箱	
6	对讲机	10台	放置于工地应急仓库
7	木楔	15个	
8	铁丝	20kg	
9	棉絮	20床	
10	方木	10m²（规格10cm×10cm）	
11	水泵	3台15kW	
12	快速水泥	1t	
13	棉纱	50kg	
14	砂袋	1000个	
15	聚氨酯	500kg	
16	钻机	1台	
17	注浆泵	1台	
18	聚氨酯泵	1台	
19	水玻璃	3t	
20	普通水泥	1t	
21	应急手电筒	13把	
22	应急备用金	5万元	财务专款备用

3）起重吊装工程应急物资、资金汇总见表5.8。

起重吊装工程应急物资、资金汇总表 　　　　表 5.8

序号	名称	数量	备注
1	挖掘机	2台	到位
2	起重机	1台100t	到位
3	轿车	1辆	到位
4	救护担架	2副	到位
5	氧气袋	5个	现有
6	防毒面罩	20个	到位
7	临时急救箱	2个	到位
8	方锹	30把	到位
9	编织袋	500个	到位
10	应急照明灯	4个	到位
11	临时围挡	100块	到位
12	反光背心	50套	到位
13	安全带、安全绳	各20条	到位
14	消防灭火器材	50组	到位
15	反光锥形筒	20个	到位
16	应急备用金	5万元	财务专款备用

5.8 市政工程安全事故

5.8.1 事故等级

《安全生产法》规定，生产安全一般事故、较大事故、重大事故、特别重大事故的划分标准由国务院规定。

2007 年 6 月 1 日起施行的《生产安全事故报告和调查处理条例》（国务院令第 493 号）规定，根据生产安全事故（以下简称事故）造成的人员伤亡或者直接经济损失，事故一般分为以下等级：1）特别重大事故，是指造成 30 人以上死亡，或者 100 人以上重伤（包括急性工业中毒，下同），或者 1 亿元以上直接经济损失的事故；2）重大事故，是指造成 10 人以上 30 人以下死亡，或者 50 人以上 100 人以下重伤，或者 5000 万元以上 1 亿元以下直接经济损失的事故；3）较大事故，是指造成 3 人以上 10 人以下死亡，或者 10 人以上 50 人以下重伤，或者 1000 万元以上 5000 万元以下直接经济损失的事故；4）一般事故，是指造成 3 人以下死亡，或者 10 人以下重伤，或者 1000 万元以下直接经济损失的事故。上述所称的"以上"包括本数，所称的"以下"不包括本数。

《生产安全事故报告和调查处理条例》还规定，没有造成人员伤亡，但是社会影响恶劣的事故，国务院或者有关地方人民政府认为需要调查处理的，依照本条例的有关规定执行。

据此，生产安全事故等级的划分包括了人身、经济和社会三个要素：人身要素就是人员伤亡的数量；经济要素就是直接经济损失的数额；社会要素则是社会影响，这三个要素依法可以单独适用。

5.8.2　事故报告

《建筑法》规定，施工中发生事故时，施工企业应当采取紧急措施减少人员伤亡和事故损失，并按照国家有关规定及时向有关部门报告。

《建设工程安全生产管理条例》进一步规定，施工单位发生生产安全事故，应当按照国家有关伤亡事故报告和调查处理的规定，及时、如实地向负责安全生产监管管理的部门、建设行政主管部门或者其他有关部门报告；特种设备发生事故的，还应当同时向特种设备安全监督管理部门报告。实行施工总承包的建设工程，由总承包单位负责上报事故。

（1）施工生产安全事故报告的基本要求

《安全生产法》规定，生产经营单位发生生产安全事故后，事故现场有关人员应当立即报告本单位负责人。单位负责人接到事故报告后，应当迅速采取有效措施，组织抢救，防止事故扩大，减少人员伤亡和财产损失，并按照国家有关规定立即如实报告当地负有安全生产监督管理职责的部门，不得隐瞒不报、谎报或者迟报，不得故意破坏事故现场、毁灭有关证据。

《特种设备安全法》进一步规定，特种设备发生事故后，事故发生单位应当按照应急预案采取措施，组织抢救，防止事故扩大，减少人员伤亡和财产损失，保护事故现场和有关证据，并及时向事故发生地县级以上人民政府负责特种设备安全监督管理的部门和有关部门报告。与事故相关的单位和人员不得迟报、谎报或者瞒报事故情况，不得隐置、毁灭有关证据或者故意破坏事故现场。

1）事故报告的时间要求

《生产安全事故报告和调查处理条例》规定，事故发生后，事故现场有关人员应当立即向本单位负责人报告；单位负责人接到报告后，应当于 1 小时内向事故发生地县级以上人民政府安全生产监督管理部门和负有安全生产监督管理职责的有关部门报告。情况紧急时，事故现场有关人员可以直接向事故发生地县级以上人民政府安全生产监督管理部门和负有安全生产监督管理职责的有关部门报告。

2）事故报告的内容要求

《生产安全事故报告和调查处理条例》规定，报告事故应当包括下列内容：①事故发生单位概况；②事故发生的时间、地点以及事故现场情况；③事故的简要经过；④事故已经造成或者可能造成的伤亡人数（包括下落不明的人数）和初步估计的直接经济损失；⑤已经采取的措施；⑥其他应当报告的情况。

3）事故补报的要求

《生产安全事故报告和调查处理条例》规定，事故报告后出现新情况的，应当及时补报；自事故发生之日起 30 日内，事故造成的伤亡人数发生变化的，应当及时补报；道路交通事故、火灾事故自发生之日起 7 日内，事故造成的伤亡人数发生变化的，应当及时补报。

5.8.3 应急措施

《安全生产法》规定，生产经营单位发生生产安全事故时，单位的主要负责人应当立即组织抢救，并不得在事故调查处理期间擅离职守。《建设工程安全生产管理条例》进一步规定，发生生产安全事故后，施工单位应当采取措施防止事故扩大，保护事故现场。需要移动现场物品时，应当做出标记和书面记录，妥善保管有关证物。

（1）组织应急抢救工作

《生产安全事故报告和调查处理条例》规定，事故发生单位负责人接到事故报告后应当立即启动事故相应应急预案，或者采取有效措施，组织抢救，防止事故扩大，减少人员伤亡和财产损失。

例如，对于危险化学品泄漏等可能对周边群众和环境产生危害的事故，施工单位应当在报告地方政府及有关部门的同时，及时向可能受到影响的单位、职工、群众发出预警信息，标明危险区域，组织、协助应急救援队伍救助受害人员，疏散、撤离、安置受到威胁的人员，并采取必要措施防止发生次生、衍生事故。

（2）妥善保护事故现场

《生产安全事故报告和调查处理条例》规定，事故发生后，有关单位和人员应当妥善保护事故现场以及相关证据，任何单位和个人不得破坏事故现场、毁灭相关证据，因抢救人员、防止事故扩大以及疏通交通等原因，需要移动事故现场物件的，应当做出标志，绘制现场简图并做出书面记录，妥善保存现场重要痕迹、物证。

事故现场是追溯判断发生事故原因和事故责任人责任的客观物质基础。从事故发生到事故调查组赶赴现场，往往需要一段时间，而在这段时间里，许多外界因素，如对伤员的救护、险情控制、周围群众围观等都会给事故现场造成不同程度的破坏，甚至还有故意破坏事故现场的情况。如果事故现场保护不好，一些与事故有关的证据难于找到，将直接影响到事故现场的勘察，不便于查明事故原因，从而影响事故调查处理的进度和质量。

保护事故现场，就是要根据事故现场的具体情况和周围环境，划定保护区范围，布置警戒，必要时将事故现场封锁起来，维持现场的原始状态，既不要减少任何痕迹、物品，也不能增加任何痕迹、物品。即使是保护现场的人员，也不要无故进入，更不能擅自进行勘查，或者随意触摸、移动事故现场的任何物品。任何单位和个人都不得破坏事故现场、毁灭相关证据。

确因特殊情况需要移动事故现场物件的，须同时满足以下条件：①抢救人员、防止事故扩大以及疏通交通的需要；②经事故单位负责人或者组织事故调查的安全生产监督管理部门和负有安全生产监督管理职责的有关部门同意；③做出标志，绘制现场简图，拍摄现场照片，对被移动物件贴上标签，并做出书面记录；④尽量使现场少受破坏。

第6章　市政工程文明施工管理

6.1　市政工程文明施工概述

随着城市建设的高速发展，市民群众对城市环境质量的要求也不断提高，为有效化解市政施工与周边群众生产、生活之间的矛盾，积极适应城市环境质量提高的需要，同时有利于市政施工的顺利推进，应切实加强市政工程文明施工管理。

市政工程文明施工，是指在市政工程建设中，按照规定采取措施，保障施工现场作业环境、市容环境和施工人员身体健康，并有效减少对周边环境产生不利影响的活动。一般包括：1）施工告示；2）现场围挡；3）出入口管理；4）场容场貌；5）围网和脚手架设置；6）交通组织；7）临时通道；8）扬尘控制；9）排污控制；10）噪声控制；11）光影响控制；12）有毒有害气体控制；13）临时用房；14）工地食堂；15）施工现场生活设施等内容。

6.2　市政工程文明施工一般要求

城市环境管理关系民生，各地政府也相继出台及修订了有关地方法规、规章。以杭州市为例，1987年出台了《杭州市环境噪声管理条例》（2009年12月修订）；2003年6月出台了《杭州市城市扬尘污染防治管理办法》；2003年8月出台了《杭州市建设工程渣土管理办法》（2017年12月第二次修订）；2004年12月出台了《杭州市城市市容和环境卫生管理条例》；2005年7月出台了《杭州市市政设施管理条例》；2006年9月出台了《杭州市房屋拆除施工安全管理办法》等。相应的，针对市政工程文明施工管理，1997年，杭州市政府率先发布了《杭州市建筑工地文明施工管理规定》，2014年又发布了《杭州市建设工程文明施工管理规定》，对文明施工管理的范围和要求均进行了较大调整。

下面结合杭州市政府市政工程文明施工管理要求及具体工程实例，对市政工程文明施工管理一般要求及具体内容进行说明。

6.2.1　施工告示

《杭州市建设工程文明施工管理规定》第10条规定：施工单位应当在施工现场的主要出入口设置施工告示牌，施工告示牌应当载明以下内容：1）市政工程名称；2）建设、勘察、设计、施工、监理单位名称及项目负责人姓名；3）开工、计划竣工日期和投诉电话；4）夜间施工的时间和许可情况；5）文明施工的主要措施；6）其他依法应当公示的内容。市政基础设施工程、城市绿化工程还应当在工程两端和交叉路口的明显位置设置公示牌，公示施工范围和联系电话等内容。第 13 条规定：建设工程施工需要停水、停电、停气等可能影响到施工现场周围地区单位和居民的工作、生活时，应当依法报请有关行政主管部门批准，并按照规定事先通告可能受影响的单位和居民。

目前，一般现场的具体操作为：施工现场大门处设置公示牌（图 6.1），内容包括工程概况牌、消防保卫牌、安全生产牌、文明施工告示牌（夜间施工公示牌）、文明施工责任牌、管理人员名单及监督电话牌、施工现场总平面图、消防平面图，即"六牌二图"。

图 6.1 施工告示牌

6.2.2 现场围挡

《杭州市建设工程文明施工管理规定》第 15 条规定：房屋建设工程、市政基础设施工程、建（构）筑物拆除工程、收储土地整理工程的施工现场应当设置围挡，并应当遵守下列规定：

（1）围挡应当采用砌体或彩钢板等硬质材料，砌体围挡内、外侧面应当粉刷，并设置压顶；需通行车辆的市政基础设施工程应当根据公安机关交通管理部门的要求设置围挡。

（2）城市市区范围内的围挡应当进行美化；城市主干路、次干路两侧的围挡顶部应当采取亮灯措施；围挡上设置户外广告的，应当按照有关规定办理许可手续。

（3）除收储土地整理工程外，距离噪声敏感市政物不足 5m 的施工现场，应当设置有降噪功能的围挡。

（4）围挡应当定期检查、清洗，保持牢固、整洁、美观。

（5）不能设置封闭式围挡的市政基础设施工程，应当采用移动式围挡，并设置警示标识；房屋市政工程进入室外配套工程施工阶段，需拆除原有围挡的，市政单位应当组织相关施工单位设置临时围挡。

入场前施工现场已有围挡，施工单位未拆除重新设置的，视为施工单位设置的围挡。

根据《杭州市城市建筑屋面整治与管理条例》《关于印发〈杭州市 2016 年彩钢房（棚）专项整治行动方案〉的通知》（杭改拆办〔2016〕12 号）的统一布置要求及杭州市建委

《关于印发〈杭州市 2016 年建设工地临时工棚专项整治行动方案〉的通知》要求，工地临时设施屋面、围挡禁止使用红色或蓝色等高饱和度色彩，宜采用灰色系。常见的围挡形式为：

（1）砌体式围挡

性价比较高，在风景名胜区可实施仿古造型，与环境融合，但自重较大，需设置基础，不适用于地基较弱、需要移动的施工现场（图 6.2）。

图 6.2　砌体围挡（仿古造型）

（2）轻型围挡

采用型钢、彩钢板等制作，价格略高，自重轻，对地基要求不高，现场安装快捷，可适应多种施工现场（图 6.3）。

图 6.3　轻型围挡

（3）移动（临时）围挡

一般高 1.2 ～ 1.4m，采用型钢、彩钢板等制作，自重轻，移动方便（图 6.4）。

图 6.4　移动（临时）围挡

6.2.3　出入口管理

《杭州市建设工程文明施工管理规定》第 14 条规定：房屋建设工程、市政基础设施工程、建（构）筑物拆除工程的施工现场出入口应当设置门卫值班室，对人员进出场进行登记。

（1）门卫室与门禁系统

施工现场应禁止社会人员进入，并对进出现场的人员进行登记，故应设置门卫室。随着科技的进步，传统的人工登记已逐步被刷卡、人脸识别的门禁系统等取代（图 6.5）。

图 6.5　采用人脸识别技术的门禁系统、门卫室

（2）出入管理

施工场地出入口处（图6.6）应设置洗车槽，配置高效自动冲洗设备，并配置高压水枪辅助人工冲洗，运输车辆出场前要彻底清刷车体和车轮，净车出场，确保实现"清洁运输"（图6.7、图6.8）。车辆冲洗台长不小于6m，宽不小于4m，沉淀池尺寸不小于3m×1m×1m。

图 6.6　工地出入口

图 6.7　自动洗车设施

图 6.8　浸泡式洗车槽

6.2.4　场容场貌

《杭州市建设工程文明施工管理规定》第17条规定：建设工程施工现场的市政材料和建（构）筑物拆除的废弃物，应当按照施工总平面图划定的区域分类堆放，与围挡保持安全距离，高度不得超过围挡。建筑材料应当标明名称、品种、规格数量以及检验状态。禁止在施工现场围挡外堆放建筑材料和废弃物。

施工现场材料及废弃物按经批复的施工总平面布置图设定的位置堆放，一方面是文明施工的要求，也是工程质量（避免材料锈蚀、碰伤等意外损坏）、安全生产（消防规定等）的要求。

（1）原材料、半成品堆放

1）钢筋应架空堆放，避免与地面接触，材料距离地面 15 ～ 30cm。钢筋两侧采用槽钢或工字钢围挡，围挡间距 1.2m。钢筋堆放高度不得超过两侧槽钢高度（图 6.9）。

2）现场钢材和钢筋半成品堆放、保管工作应规范，标识清晰，槽钢应刷警示色油漆。

3）钢材应按批、分钢种、品种、直径、外型妥善堆放，并进行覆盖，每垛钢材应设置材料标识牌，标识牌上应标明材料的产地、规格、品种、数量、状态（注明合格与不合格）、进场日期等。

4）堆放场地应进行硬化处理，设置好排水沟槽。

图 6.9　原材料、半成品堆放

（2）模板堆放

模板属可燃材料，现场堆放应符合《建设工程施工现场消防安全技术规范》GB 50720—2011 的要求。应分类成垛堆放，垛高不应超过 2m，单垛体积不应超过 50m³，垛与垛之间的最小间距不应小于 2m（图 6.10）。

图 6.10　施工模板堆放

（3）废料存放

1）施工现场应建立清扫制度，落实到人，做到工完料尽、场地清；建筑垃圾定点存放、及时清运。

2）堆放要求：施工单位统一安排堆料存放场地，施工现场建立专用废料存放池，用于存放施工废料、废建材，分为可回收和不可回收的物品（图 6.11）。

图 6.11　施工废料存放池

（4）施工挂网

《杭州市建设工程文明施工管理规定》第 18 条规定：除线路管道工程、爆破拆除作业外，施工现场脚手架外侧应当设置具有阻燃功能的密目式安全网，并保持完整、整洁。脚手架杆件应当涂装规定颜色的警示漆，不得有明显锈迹（图 6.12）。

图 6.12　市政工程现场

6.2.5　施工便道

《杭州市建设工程文明施工管理规定》第 12 条规定：市政基础设施工程施工过程中设置的临时通道，应当使用沥青、混凝土等进行硬化处理，并设置警示标志和规范的交通设施，夜间照明应当充分，保持路面平整、排水畅通（图6.13）。

图 6.13　临时便道

　　施工车辆通行的便道在围挡内侧沿基坑周边设置，满足施工期间机械设备、材料等进出场及文明施工要求。

　　施工便道宽度不宜小于7m，场地受限时不宜小于4m并确保施工机械、车辆正常通行。便道采用C20以上素混凝土硬化，不行车便道硬化厚度不小于10cm，行车便道硬化厚度不小于15cm。根据实际需要局部可采用混凝土硬化（图6.14）。

图 6.14　硬化后的施工便道

6.2.6　扬尘控制

　　市政工程扬尘控制，包含建设材料扬尘控制、施工现场扬尘控制、运输扬尘控制三方面。

（1）建设材料扬尘控制

《杭州市建设工程文明施工管理规定》第 19 条规定：建设工程应当使用预拌混凝土和预拌砂浆，需要使用散装水泥的，应当采取密闭防尘措施（图 6.15）。建筑材料易产生扬尘的，应当进行喷淋、遮盖处理。在施工现场进行建筑材料加工产生扬尘的，应当设置专门的材料处理区域，并采取措施防止扬尘污染。施工现场临时堆放土方的，应当采取覆盖措施。

图 6.15　散装水泥封闭防尘

（2）施工现场扬尘控制

《杭州市建设工程文明施工管理规定》第 20 条规定：建设工程施工现场应当定期清扫、喷淋或者喷洒粉尘覆盖剂。发布大气重污染一级预警时，裸露场地应当保持湿化。平整场地、施工现场拆除临时设施、建（构）筑物拆除等工程施工，应当采取喷淋、覆盖等措施，防止扬尘（图 6.16、图 6.17）。

图 6.16　雾化降尘装置

图 6.17 施工围挡喷淋系统

《杭州市大气污染防治规定》第24条规定：总工期3个月以上的市政基础设施及城市轨道交通工程，施工单位应当按照规定安装扬尘在线监测设施。第38条规定：违反本规定第24条第2款规定，施工现场未采取有效扬尘污染防治措施，未按规定安装扬尘在线监控设施的，由建设、交通运输、城市管理、水利、绿化等部门按照职责责令改正，处1万元以上、10万元以下的罚款；拒不改正的，责令停工整治。

非施工作业面的裸露地面、长期存放或超过1天以上临时存放的土堆，应采用防尘网覆盖；长时间不施工或停止施工的工地，应采取绿化、固化措施，对其裸土采取覆盖或临时绿化等防尘措施（图6.18）。作业面道路应经常进行冲洗管理，控制扬尘（图6.19）。

图 6.18 裸露覆盖

图 6.19 作业面清洗管理

（3）运输扬尘控制

《杭州市建设工程文明施工管理规定》第 22 条规定：建设工程施工现场出入口应当设置车辆冲洗设施和排水、废浆沉淀设施，运输车辆应当冲洗干净后出场。不具备设置沉淀池条件的市政基础设施工程、城市绿化工程、线路管道工程施工现场，应当派专人在冲洗后清扫废水。发布大气重污染一级预警时，应当停止渣土运输。

根据《杭州市建设工程渣土管理办法》（2017 年 12 月修订）的要求，运输工程渣土的车辆驶离建设工地前，应在建设工地围护内冲洗干净，保持车辆整洁后方可上路行驶（图 6.20）。车辆应当适量装载、密闭化运输，不得沿路泄漏、滴撒。

图 6.20　自动喷淋洗车台

6.2.7　其他文明施工要求

（1）噪声控制

《杭州市建设工程文明施工管理规定》第 24 条规定：建设工程施工向环境排放噪声的，应当遵守相关法律、法规的规定。建设工程施工使用的产生噪声的固定设备应当设置在远离噪声敏感市政物一侧，运输车辆进入施工现场严禁鸣笛。在建设工程施工现场装卸市政材料应当采取减小噪声的方式，不得倾倒或者抛掷金属管材、模板等材料。建设工程需夜间施工的，应当按照《杭州市环境噪声管理条例》的规定申领夜间作业证明。

（2）有毒有害气体控制

《杭州市建设工程文明施工管理规定》第 26 条规定：建设工程施工现场禁止焚烧建筑垃圾、生活垃圾以及其他产生有毒有害气体的物质；在城市市区范围内的建设工程施工现场，不得使用烟煤、木竹料等污染严重的燃料。城市绿化工程施工现场使用农药、化肥等化学药品的，应当对使用的时间、范围、操作人员进行登记，并在使用区域设立警示标志。

6.3　施工驻地建设

《杭州市建设工程文明施工管理规定》第 27 条规定：建设工程施工现场办公、生活用房不得设置在施工作业区内。办公、生活用房与施工作业区之间应当设置隔离设施。不得在尚未竣工的建筑物内设置生活用房。

建设工程施工现场设置职工宿舍的，人均居住面积不得小于 $2.5m^2$，每间宿舍居住不得超过 8 人，不得采用通铺且床铺不得超过两层。职工宿舍应当配置生活物品专柜、脸盆架等设施，并建立保洁制度，落实专人保洁。使用财政性资金的建设工程，夏季应当在职工宿舍安装空调设备并保持其正常运行。施工现场应当按照有关卫生防疫规定，设置杀灭病媒生物的器具，定期投放药物。

6.3.1　施工现场

（1）办公区、生活区

1）办公区、生活区建设应体现"以人为本"、体现"家"的理念。应配备种类齐全的各类生活办公设施及简易体育设施，使员工有良好的日常办公生活环境，为施工生产提供良好的后勤基础保障。

2）市政工地临时用房的设计、制作、安装、拆卸和使用必须严格按照《施工现场临时建筑物技术规范》JGJ/T 188—2009 的要求执行；应符合《建设工程施工现场消防安全技术规范》GB 50720—2011 规定的 A 级阻燃材料搭建。

3）选址应合理，不应建造在易发生滑坡、坍塌、山洪等危险地段和低洼积水区域；临时设施应采取防遇台风、暴雨、雷电等自然灾害的措施。

4）办公区、生活区场地不得占压原有地下管线，与外电架空线路之间要保持足够的距离，禁止布置在高压线正下方。

5）办公区、生活区、施工区应根据功能性质分区设置，且应采取明显的隔离措施，并应设置导向、警示、宣传等标识。

6）临时市政设施尽量布设在市政物坠落半径和塔吊的机械作业半径之外，当条件不能满足要求时，应采取可靠的防护措施。

（2）办公室

1）条件允许情况下，各部门办公室应隔开，房间净宽、高度应控制在 2.6m 以上，地面硬化并贴地砖，门窗齐全，通风、照明良好，墙面抹灰刷白。

2）办公场所必须配备必要的办公设备并整齐排列。

3）办公室内根据部门 / 人员不同，有关制度、职责应上墙。

4）文件归档整齐，每个办公室配置满足日常使用的资料柜、写字板，并配置盆景点缀（图 6.21）。

图 6.21　工程办公环境

（3）会议室

1）会议室室内高度不低于 2.6m，一般情况下必须能够容纳 40 人同时开会且不小于 $100m^2$，门窗齐全，应设置 2 个门，保证发生危险时能及时疏散参会人员。

2）双层活动房，会议室宜设置在一楼，会议室内适当以盆景点缀，应配备投影仪设备、会议桌面控制多屏显示器、扩音话筒等常用会议设施和 $2m^2$ 左右的写字板。

3）会议室内应悬挂安全、质量、环保保证体系及工程概况、线路平（纵）面示意图、工程形象进度图、项目管理方针和管理目标等，配置各类荣誉奖牌存放柜。主会议室设置高清投影仪，席位前设置自动升降显示仪同步传输投影信息（图 6.22）。

图 6.22　项目会议室布置图

6.3.2　施工现场生活设施

《杭州市建设工程文明施工管理规定》第 29 条规定：施工单位应当在施工现场设置饮用水设施，保障饮用水供应。施工现场设置吸烟区的，不得设置在施工作业区域内。施工现场应当设置水冲式或者移动式厕所。如图 6.23～图 6.26 所示。

图 6.23　市政工程项目生活区

图 6.24　职工宿舍

图 6.25　临时休息室　　　　　　　　图 6.26　移动厕所

6.3.3　工地食堂

《杭州市建设工程文明施工管理规定》第28条规定：建设工程施工现场设置食堂的，应当依法办理餐饮服务行政许可手续，从业人员应当持有有效健康证明。食堂应当距离厕所、垃圾容器等污染源25m以上。食堂应当设置隔油池，配备冷冻、冷藏设备，操作间应当保持干净、整洁，生熟食物应当进行隔离处理。施工单位应当加强建设工程现场食品安全管理，制定现场食物中毒应急预案。如图 6.27 所示。

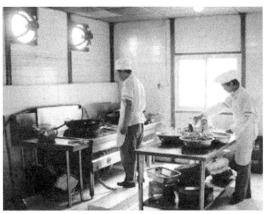

图 6.27　工地食堂

6.4　市政工程施工作业交通组织

市政工程施工交通组织是指市政工程施工作业期间，为了降低施工作业给城市交通带来的影响，采取相应的对策，保障道路交通安全、有序，不发生大范围、长时间的交通拥堵。科学、合理的施工交通组织可从整个路网上实现施工期间的交通分流，既能推进施工生产进度，又能将施工对城市交通出行的影响降至最低。

6.4.1　交通组织原则

结合市政工程施工特点，市政工程施工作业交通组织原则如下：
（1）从时间上、空间上使交通流均衡分布；
（2）提高施工点段、周围路网的通行能力；
（3）依次优先保障行人、非机动车及公交车通行；
（4）诱导为主，管制为辅。

6.4.2　交通组织方案编制条件

以下情况应编制市政工程施工作业交通组织方案：
（1）占用城市快速路行车道，施工持续时间覆盖早或晚交通流高峰时段；
（2）连续占用主、次干路施工时间超过 24h 的以下情形；
1）主、次干路完全封闭施工；
2）两条以上相邻或交叉主、次干路同时部分封闭施工；
3）高峰小时路段 v/c 超过 0.7 的主干路部分封闭施工，占用单向一半或以上的车道。
（3）高峰小时路段双向机动车流量超过 700pcu/h 的支路，采取完全封闭施工，且连续占用道路施工时间覆盖早、晚交通流高峰时段；

（4）交通管理部门认为需要编制交通组织方案的其他情形。

6.4.3　交通组织设计程序

（1）道路施工作业交通组织方案设计之前应进行建设工程资料调查。调查内容包括施工道路现状、设计方案和施工作业方案。

（2）根据建设工程资料，初步确定施工影响范围。

（3）对影响范围内道路交通状况进行调查。调查内容包括道路交通设施、路网交通流量和公共交通状况等。

（4）分析现有道路施工作业方案对道路交通的影响。若对道路交通影响较大，应改进施工方案。

（5）进行道路施工作业交通组织方案设计。交通组织设计方案应由道路施工业主委托具有交通工程咨询资质的设计单位完成。交通组织方案应包括机动车交通组织、行人和非机动车交通组织、周边路网改善方案、施工作业控制区交通组织、交通管理设施设置方案、交通管理应急预案、公交线路和站点调整方案等。

（6）道路施工作业交通组织方案设计完成后，由工程建设单位组织专家进行论证。若未能通过论证，重新制定道路施工作业交通组织方案。

（7）道路施工作业交通组织方案论证完成后，由政府职能部门负责组织审查。

（8）道路施工作业期间，相关部门和单位应按照道路施工作业交通组织方案落实各项措施。

（9）道路施工作业交通组织方案实施过程中，出现下述情况时，应及时修正和调整：

1）交通组织方案实施后的前7日内，日均发生1次大面积区域性交通拥堵或7日内发生1起以上重特大交通事故的，应对交通组织方案重新评估、调整；

2）交通组织方案实施后的前7日内，仅在每日高峰时段发生小范围交通拥堵或日均发生2起以上轻微交通事故的，应对交通组织方案进行调整。

市政工程施工作业交通组织流程如图6.28所示。

6.5　施工现场远程监控系统

远程监控系统是指在施工现场采集视频、音频信号，通过标准电话线、网络、移动宽带等方式实现远程传输，经过信息处理后接入监控办公室，实现对建设工地24小时不间断监控及录像。通过远程监控系统可及时反映施工现场基本状况及形象进度、工程安全文明施工动态、噪声控制、夜间施工等情况，实现相关管理部门、企业对施工现场多级远程网络监控和管理。远程监控系统是现场管控方式外的一种有效辅助管控手段，随着国内5G技术的推进，监控系统的建设将更加便捷。

杭州市的市政工程远程监控系统建设已历经10余年。2009年，由杭州市建设委员会、杭州市财政局、杭州市城市管理行政执法局联合发布《杭州市建设工程施工现场安装在线监测系统的通知》，揭开了市政工程远程监控系统建设的帷幕；2012年，杭州市城乡建设委员会发布《关于进一步加强建设工程安全质量物联网管理应用平台建设的通知》，建立了施工现场、企业、监管部门三级联动物联网管理应用平台（远程监控平台）；2015年，杭州

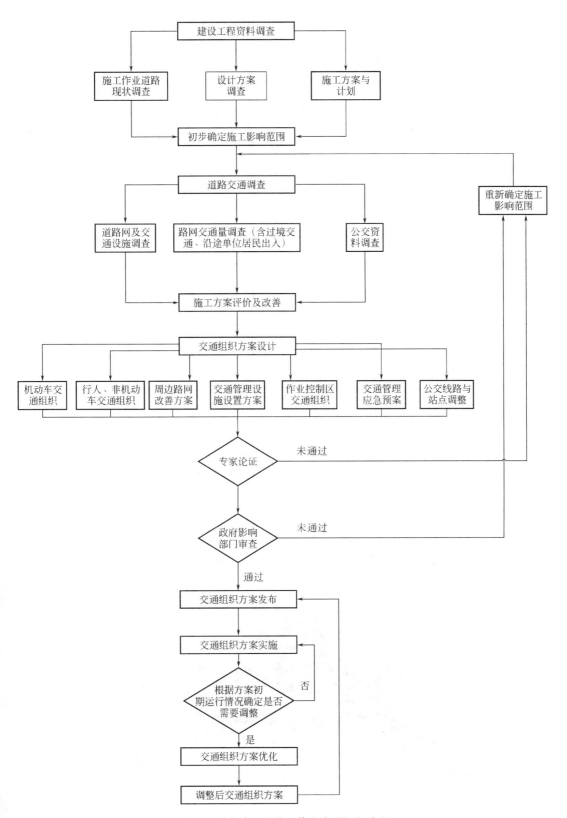

图 6.28　市政工程施工作业交通组织流程

市建设工程质量安全监督总站（杭州市城乡建设委员会直属事业单位）发布了《关于进一步加强市建设工程物联网系统应用的通知》，对远程监控系统建设加强了监督和考核，纳入《杭州建设市场主体信用记录积分标准》考核体系。目前，杭州市内工程造价2000万以上的市政工程均设置了远程监控系统，有力地促进了杭州市市政工程安全文明监管工作。

2014年4月，杭州市建设工程质量安全监督总站组织开发了杭州市建设工程物联网管理应用平台"工程可视化管理系统技术标准"（2.0版），对全市在建市政工程进行可视化管理。

2019年6月，浙江省住房和城乡建设厅发布了浙江省工程建设标准《建设工程施工现场远程视频监控系统应用技术规程》DB33/T 1169—2019，自2019年12月1日起施行。规程对建设工地施工现场远程监控系统的架构（图6.29）、设备安装、信息采集、监控管理平台等作出规定。

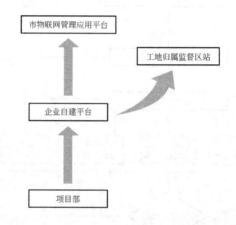

图 6.29　市政工程项目远程监控系统架构

当前，不少施工单位及建设单位也在探索深化远程监控系统的运用，建立企业远程监控系统平台（图6.30），除了常规的安全文明实时监控，将进度控制等也纳入平台。远程监控系统已逐步成为企业现场管控的重要手段之一（图6.31）。

图 6.30　施工远程监控系统平台

图 6.31　管廊综合运营中心

6.6　"城建 e 管家"系统

随着杭州进入亚运时间，工程建设量大，建筑工程施工区域分散，危险源多，传统方式依靠人力手段，效率低下，难以做到全过程、全方位的监督管理，存在安全监管漏洞，杭州市城建发展集团针对建设工地的业务痛点和需求进行了全面分析，合作开发的"城建 e 管家"系统，涵盖智慧工地、智慧管网、智慧消防等模块。

在建的"城建 e 管家"智慧工地，采用物联网 + 大数据 + 移动互联网 +GIS 技术，利用远程 + 现场的可视化监管模式，加快工程现场安全隐患处理速度，显著提升工地管理水平，全方位保障工地项目全生命周期安全，充分体现了智慧工地管理系统的科学性、便捷性、高效性与精准性。服务对象涵盖建设单位、监理单位及施工单位，并预留接口可应用于市政、房建、绿化等各类工程。

智慧工地主要功能包括人员考勤、培训教育、工程进度、人员信息、工程专项资料、环境监测、现场监控、现场巡检、应急管理、重要节点、工程信息、人员道闸、车辆道闸、智能安全帽和电子围栏。目前已完成系统硬件设备安装及软件推广工作，推广工程项目 14 个。通过各功能模块的应用，能及时发现安全隐患，规范质量检查、检测行为，保障工程质量，实现质量溯源和劳务实名制管理，有效支撑公司对工程现场的质量、安全、人员和诚信的管理及服务。

结合"工地可视化安全监控系统"课题，艮山快速路项目工地实现了与工地全国实名制平台的对接，对工地车辆进出智能管理，前端工地现场作业定位及数据收集；还可以通过语音通知安全隐患，把入侵信号发送到安全部门监控设备上，保证管理人员能及时处理。

第 7 章　市政工程质量创优

　　质量是企业的生命，是工程管理水平的一个重要标志。加强施工现场科学管理，提高工程质量，不仅有助于企业树立良好的信誉，而且可降低项目成本。随着我国市场经济体制日趋完善，工程企业的竞争已经进入工程品牌、企业信誉的竞争阶段，在激烈的市场竞争中，施工管理企业更需要注意产品质量的提高，才能取得更大发展。由于工程本身有许多特殊因素，不可预见问题较多，导致工程质量"创优""夺杯"面临诸多困难。

7.1　工程质量创优的方法实践

　　为全过程进行工程创优工作，顺利完成创优，要从以下几个方面入手：

　　（1）选好创优工程项目

　　工程规模要达到一定要求，一般应是中型以上的工程；创优项目应是施工工期要求比较合理、工程设计比较先进的工程；创优工程的建设单位创优意识要比较强，协调配合一致，工程所需资金基本到位。

　　（2）组织强有力的项目班子，特别是要选好项目经理

　　成立质量管理领导小组，健全质量保证体系网络，实行全员、全时段、全方位的质量控制。项目要成立由技术负责人全面负责，质量部、技术部等职能部门负责人共同参加的创优良工程管理小组，并制订相应的创优计划。以他们为质量控制的最高领导层，责、权、利相对高于其他人员；项目经理、项目质监员和施工员为中间领导层；民建队或班组长为一般领导层与作业层，以形成金字塔形的质量保证体系网络。其中，项目经理要有丰富的创优和类似工程的施工经验，要有强烈的创优和创新意识。在施工班组及配属队伍选择时，要把创优能力作为重点考察内容；项目部人员应具有良好的创优能力和意识。采取一定的经济措施，将创优成效与项目部每个人员的经济收入挂钩，才能使创优工作有组织保证。要明确各自的岗位职责并加以贯彻落实，逐级负责，对工序质量进行全员、全时段、全过程的跟踪监控，使每道工序施工都在各责任人的监控之下进行，有效保证整个工程质量。

　　（3）明确创优目标，制定详细的创优计划

　　在创优目标明确后，根据相应的创优要求，制定一个详细创优的计划。对每个分部、分项、单元工程及每一个过程都要有具体的目标和措施。确保工程外观精美、措施可靠、确保一次成优；注意技术创新，提高科技含量；在设计和施工中，要有创新内容，尽量应用住建部推荐的十项新技术、新工艺。

　　（4）加强对创优措施和"三检制"的落实

　　施工单位按 ISO 9001 标准建立完善的质量监督机制，在每个分项工程、每个单元工

程施工前都要先做一个样板出来，样板领路，确保工程按计划实施。质量检查要落实"三检制"，检查中要严字当头、奖罚分明。施工中要充分运用全面质量管理的思想和方法，强调全员参加质量管理，人人关心产品质量，人人做好本职工作。要广泛开展 QC 小组活动，采用 PDCA 循环，不断解决施工中的难点。

（5）把好进场材料和机电设备的质量关

材料、机电设备采购前，先对物资和机电设备供方的资质和产品的质量保证能力进行详细的调查评价，确认合格后方可采购。对进场的原材料和机电设备，要建立完善的报验制度，材料、设备进场不但要对其出厂合格证、数量、外观质量进行验证，而且还要按施工规范进行抽样检验。只有通过初步验证和检验、试验都合格的材料和设备才能用于工程，杜绝工程中使用不合格的材料及设备。

（6）做好安全文明施工工作

安全文明施工工作是创优夺杯的重要组成部分。项目部应按现场安全文明施工标准化管理规定实施，确保安全和文明施工。每个分项工程完成后，应对其成品进行保护，防止在后续工程施工中对已完成工程造成破坏。

（7）抓好工程资料的积累，资料整理应及时、准确、完整

及时是指做好一项工作后及时完成相关资料的整理；准确是指资料要如实反映工程的实际情况；完整是指资料齐全、内容完整，例如不能缺少沉降观测资料，质量保证书要盖红章等。另外，工程照片和录像是工程资料的重要组成部分，也是申报材料之一，对工程照片和录像的质量要特别给予重视。照片和录像要能体现工程整体和细部的优点，要有施工过程中和完成后的景观；照片和录像还要有鲜明的主题，要突出工程的高质量。

7.2　标化工地

7.2.1　杭州市标化样板工地

根据《杭州市建设工程安全生产文明施工标准化样板工地管理办法》（杭建工发〔2005〕703 号）规定，杭州市建设工程安全生产文明施工标准化样板工地（以下简称"杭州市标化样板工地"）是杭州市建设工程建筑安全生产、文明施工最高奖，其安全生产文明施工管理工作应体现杭州市建筑业的先进管理水平，并能产生较好的经济效益和社会效益，是申报"西湖杯"优质工程和省标化样板工程的必备条件之一。

（1）创建范围

1）一般市政基础设施工程项目建安工程造价在 1000 万元以上（含 1000 万元），县（市）建安工程造价在 500 万元以上（含 500 万元）。

2）隧道、轨道交通、污水处理厂、净配水厂、广场项目建安工程造价在 3000 万元以上（含 3000 万元），县（市）建安工程造价在 2000 万元以上（含 2000 万元），广场项目中广场土石占地面积应不小于总面积的 50%，且工程量不小于总量的 60%。

3）住宅小区、厂区项目工程造价在 300 万元以上（含 300 万元）的市政基础设施工程。

4）工程规模未达到上述要求，但具有显著经济效益、社会效益和环境效益，在创建方面成绩突出的工程。

（2）创建条件

创建杭州市标化样板工地应符合下列条件：

1）符合国家基本建设程序及有关的法律法规，工程建设各方主体市场行为规范。

2）已列入各区、县（市）、开发区或市质安监总站创市标化样板工地计划，符合国家、省、市颁布的有关施工安全技术标准要求及安全生产、文明施工的有关规定，安全生产、文明施工达到各部门管辖范围内的先进水平。

3）积极推广使用新材料、新技术的安全防护设施和施工机械设备。

4）施工现场积极贯彻落实各级管理部门的要求和布置开展的各项工作。

5）办理了施工人员人身意外伤害保险。

6）工程竣工后达到所属监督和管理部门在管辖范围内开展实施的安全生产、文明施工达标要求。

7）上年度10月1日至本年度9月30日内竣工工程。

施工过程中发生下列情况之一的，取消杭州市标化样板工地参评资格：

1）发生等级以上工程建设重大事故。

2）工程建设各方主体及相关人员存在严重违法违规行为。

3）发生工程倒塌或报废、地下管线损坏、施工机械设备损坏、火灾等有责事故及居民集中投诉、治安案件及恶意拖欠农民工工资等问题被查实，造成一定社会影响。

4）在各级建设管理部门、单位的安全生产、文明施工检查中，发现违反工程建设法规、强制性条文，或者存在重大事故隐患、受到通报批评以上处理。

（3）创建程序

1）工程开工15日内将创建计划报工程所属监督机构和市建委，中间验收10日内将申请考评表报市建委。

2）由市建委工作组进行实地检查、考评。

3）工程竣工后于每年10月15日前，将申报表由各相应管理部门填写意见后汇同其他申报材料上报市建委。

4）评审委员会在听取汇报、抽查资料、讨论评议的基础上，最后评审出当年度市标化样板工地。

杭州市标化样板工地创建流程及申报程序分别见图7.1、图7.2。

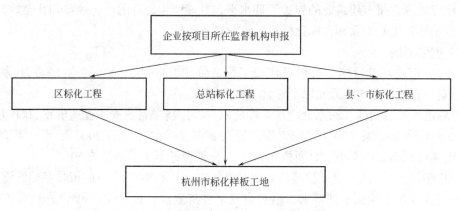

图7.1 杭州市标化样板工地创建流程

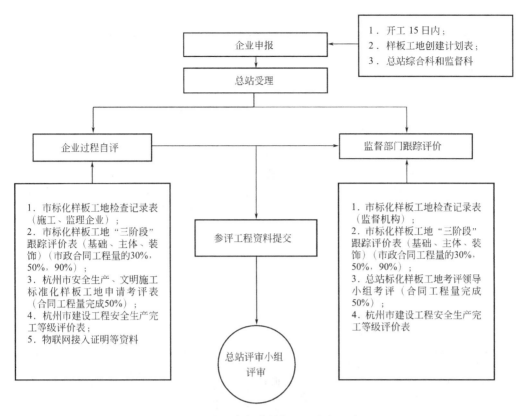

图 7.2　杭州市标化样板工地申报程序

（4）办法修订

2020 年 6 月 16 日，杭州市建委印发《杭州市建设工程施工安全生产标准化管理优良工地评选管理办法》，这是杭州推行建设工程安全生产、文明施工标准化样板工地评选活动以来，对评选办法的一次重要修订。市标化样板工地评选调整为市标化优良工地评选，不仅体现出全市建设领域安全文明施工行业管理理念的转变，更展现出总量控制、择优评选、适度平衡的评选要求，修订后的办法对评选申报条件、评审程序、过程管理都作了更加精细的规定。

新的管理办法共有 7 章 25 条，从 2020 年 7 月 15 日起执行。与旧的管理办法相比较，新办法突出以下 10 个方面特点，如表 7.1 所示。

新旧管理办法对比表　　　　　　　　　　　　　　　　　表 7.1

类别	原文件	现文件
评审方式	建立市标化样板工地评审专家库，随机抽取专家成立评审委员会，投票决定	市标化优良工地评选采用过程评价、专家审查和评委会评审结合方式。评委会根据过程评价意见、专家组审查意见进行评审，投票确定获奖工程候选名单
适用条件	杭州市行政区范围内的房屋建筑及市政基础设施工程	杭州市范围内新建、扩建、改建的房屋建筑、市政基础设施工程和城市轨道交通工程

类别	原文件	现文件
申报条件	1. 工程造价在1000万元以上（含1000万元）具有独立装置的工业设备安装工程。 2. 一般市政基础设施工程项目建安工程造价在1000万元以上（含1000万元），县（市）建安工程造价在500万元以上（含500万元）； 3. 住宅小区、厂区项目工程造价在300万元以上（含300万元）的市政基础设施工程	1. 工程造价在1500万元以上（含1500万元）具有独立装置的工业设备安装工程； 2. 一般市政基础设施工程项目建安工程造价在1500万元以上（含1500万元），县（市）建安工程造价在1000万元以上（含1000万元）； 3. 单列城市轨道交通工程中造价在5000万元及以上的车站、车辆段、综合基地、控制中心、区间、隧道、高架单位工程；造价在5000万元以上的轨道正线工程。（本条为**新增**） ［**删除**：住宅小区、厂区项目工程造价在300万元以上（含300万元）的市政基础设施工程］
申报企业条件	1. 必须是本市注册的施工企业或已在本市备案的外地施工企业，并具有相应资质，企业在本市范围年内未发生三级及以上工程建设重大事故； 2. 工程的总承包单位； 3. 住宅小区、连片住宅、公共建筑群等存在两家以上（含两家）承建单位的，可采取联合方式申报； 4. 专业承包企业完成建安工程占工程分包工程量20%以上的，住宅小区（含连片住宅、公共建筑群）的施工企业承建工程量占该工程建安工程量10%以上的，均可作为参建单位申报，但总数不得超过一家	1. 本市注册的施工企业或已进入杭州建设信用网的外地施工企业，并具有相应资质； 2. 企业在本市行政区域范围1年内未发生较大及以上质量安全事故
参评工地条件	1. 上年度10月1日至本年度9月30日内竣工工程； 2. 积极推广使用新材料、新技术的安全防护设施和施工机械设备； 3. 办理了施工人员人身意外伤害保险	1. 在新一轮评选周期内竣工的工程； 2. 积极推广使用新材料、新技术的安全防护设施、施工机械设备和绿色施工措施； 3. 办理了建筑施工安全生产责任保险（或与安责险属性相同的责任保险）； 4. 工地建立基层党组织，结对开展党建联建等活动
申报程序	工程开工15日内将创建计划报工程所属监督机构和市建委；工程主体结顶（市政工程为中间验收）10日内将申请考评表报市建委，由工作组进行实地检查、考评；工程竣工后每年10月15日前，将申报表由各相应管理部门填写意见后汇同其他申报材料上报市建委	1. 开工前将创建计划列入安全生产年度管理目标，制定工程创建标准化优良工地实施方案。在工程开工30个工作日内填写创建计划表，并报监督机构； 2. 施工单位领取"杭州市建设工程施工安全生产标准化管理优良工地参选工程"匾牌，并悬挂在工地大门口醒目位置，接受社会监督； 3. 从开工后次月起至工程竣工验收结束，每月填报信息，并拍摄分项分类不同部位反映安全文明施工状况的照片，上传至杭州市标化工地综合监管系统平台

续表

类别	原文件	现文件
评审程序	每年 10 月下旬开始，评审委员会在听取汇报、抽查资料、讨论评议的基础上，评审出当年度市标化样板工地	1.建立系统平台，形成申报工程安全文明施工管理电子档案，公平、客观展示申报工程安全文明施工动态管理过程； 2.项目评分采取百分制，由监督机构过程评价分（占50分）和专家评价分（占50分）组成，两者相加得分超过80分的，有资格参选市标化优良工地评委会投票环节； 3.评委会成员采取无记名投票方式评选出获奖工程。投票同意数达到评委会人数三分之二以上（含三分之二），获得市标化优良工地；投票同意数达到二分之一以上（含二分之一），不到三分之二，获得市表扬工程荣誉称号
提交资料	1.《杭州市建设工程安全生产文明施工标准化样板工地申报表》； 2.工程总承包、分包合同（复印件）； 3.工程竣工验收记录（原件）； 4.介绍工地创建市标化样板工地总结材料； 5.建筑工程基础施工、主体结构施工、主体结顶和装饰四阶段及市政工程主要施工阶段的工程外观与有关检查分项安全状况的彩色效果照片一套； 6.施工人员人身意外伤害保险的证明； 7.工程监督机构《杭州市建设工程安全生产文明施工评价报告》； 8.监督机构出具的工程达到各地（部门）实施的安全生产文明施工达标要求的证明材料（文件形式）	1.《杭州市建设工程施工安全生产标准化管理优良工地申报表》； 2.申报工地三阶段检查评价表（基础、主体、装饰）； 3.监督机构检查记录表； 4.申报企业关于创建市标化优良工地的情况介绍； 5.有参建单位的，提供参建单位的证明材料； 6.工程竣工验收记录； 7.加分证明材料； 8.工程施工现场图片影像资料
取消创建资格	1.发生等级以上工程建设重大事故； 2.工程建设各方主体及相关人员存在严重违法违规行为； 3.发生工程倒塌或报废、地下管线损坏、施工机械设备损坏、火灾等有责事故及居民集中投诉、治安案件及恶意拖欠农民工工资等问题被查实，造成一定社会影响的； 4.在各级建设管理部门、单位的安全生产、文明施工检查中，发现违反工程建设法规、强制性条文，或者存在重大事故隐患、受到通报批评以上处理的	1.发生一般及以上等级安全生产责任事故的； 2.被建设行政主管部门作出一般行政处罚的； 3.发生起重机械倾覆、基坑坍塌、模板支撑系统坍塌、火灾等安全生产责任事故，虽然未造成人员伤亡但社会影响恶劣的； 4.发生造成较大社会负面影响的其他事件的
黄牌警告罚则	无	在施工过程中发生下列情况之一的，实行黄牌警告；项目施工周期内累计两次被黄牌警告的，实行摘牌并取消其创建资格： 1.采用国家明令禁止使用的施工机械、设备、产品和工艺的； 2.一年内被建设行政主管部门作出两次简易行政处罚的； 3.因拖欠农民工工资、施工噪声、扬尘污染等情况被有责投诉举报，造成社会不良影响的； 4.施工工地现场管理不到位被建设主管部门全面停工的

7.2.2 浙江省建筑安全标化工地

浙江省建筑安全文明施工标准化工地（以下简称"浙江省建筑安全标化工地"），是浙江省建筑施工安全最高奖，其施工过程安全生产管理和文明施工应达到浙江省内先进水平，具有较好的经济效益和社会效益。浙江省建筑安全标化工地评审每年一次，评审时间为每年 12 月份。

（1）申报范围

申报浙江省建筑安全标化工地的规模应符合下列条件之一：

1）建安工程量在 2000 万元以上的城市道路、桥梁、管道工程、垃圾处理、堤岸工程等市政公用工程；建安工程量在 5000 万元以上的隧道、轨道交通、净配水厂、污水处理、城市广场等工程。

2）规模无具体划分标准，但建安工程量在 1000 万元以上的特殊工程。

3）一级公路或高速公路 10km 以上，二级公路 20km 以上，五级航道 10km 以上，沿海码头万吨级以上，内河码头 300t 级 8 个以上。

4）长度 500m 以上的公路桥梁，1000m 以上的公路隧道。

5）单体建筑面积 2000m² 以上的仿古建筑，或造价在 1000 万元以上的综合性园林绿化工程。

6）达到国家计委规定的大中型项目标准的工业、交通、市政、水利、电力等其他建设工程。

7）工程规模未达到上述规定，但在创安全文明标化方面成绩特别突出的工程。

（2）申报条件

申报省建筑安全标化工地应符合下列条件：

1）符合国家基本建设程序，工程建设各方主体市场行为规范。

2）已列入设区市建设行政主管部门或省级专业部门创省建筑安全标化工地计划，且被设区市或相关专业部门确定为"浙江省建筑安全文明施工标准化工地参选工程"并已获得挂牌的工地。

3）在上年度 10 月 1 日以后本年度 9 月 30 日以前竣工。

4）已获得工程所在地设区市建设行政主管部门或省级有关专业部门的建筑安全标化工地。

5）施工现场积极推广使用新材料、新技术的安全防护设施和施工机械设备。

6）施工现场临时设施齐全、整洁、卫生，结构安全。

7）办理了建筑施工人员人身意外伤害保险。

施工过程中发生下列情况之一，不得申报省建筑安全标化工地：

1）工程施工中发生四级及以上工程建设重大事故的。

2）工程建设各方主体及相关人员存在严重违法违规行为。

3）恶意拖欠农民工工资，造成不良影响的。

4）发生造成较大社会影响的有责投诉、治安案件或其他事件的。

（3）申报和评审程序

1）填写《浙江省建筑安全文明施工标准化工地申报表》，经浙江省市政行业协会签署意见后上报。

2）浙江省市政行业协会根据申报指标，择优推荐浙江省建筑安全标化工地。推荐申报名单的文件和有关资料于当年 11 月 15 日前上报浙江省建筑业管理局。

3）评审专家组对申报工地的资料进行审查。

4）对评委会评定的获奖工程在网上公示后正式确定获奖工程名单。

5）获奖工程名单由浙江省建筑业管理局发文公布并颁奖。

申报流程如图 7.3 所示。

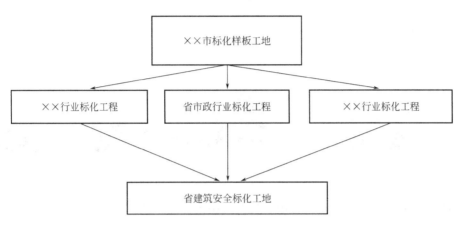

图 7.3 浙江省建筑安全标化工地申报流程

7.3 质量创优

7.3.1 杭州市建设工程"西湖杯"奖

杭州市建设工程"西湖杯"奖（市政基础设施工程）（以下简称"西湖杯"，图 7.4）是杭州市市政基础设施工程市级奖，也是推荐参加省级优质工程奖评选的基础，获奖工程的质量应达到杭州市的先进水平。

只有获"西湖杯"的工程项目才能被推荐申报浙江省"市政金奖示范工程"、浙江省市政工程"钱江杯"奖和中国市政工程"金杯示范工程"。

"西湖杯"每年评选一次，由杭州市市政工程协会成立"西湖杯"评比领导小组，聘请专家和有关人员，组成评审委员会。评审结果报杭州市城乡建设委员会备案。

（1）评选条件

参评"西湖杯"的工程，必须符合下列条件：

1）工程的设计、施工、监理单位必须具备与工程相应的市政工程专业资质。

2）申报单位必须是本市注册的施工企业或已在本市备案的外地施工企业，并具有相应资质。

3）参建单位与总施工单位应有正式合同，工程量应占该工程总工程量的 20% 以上。

4）参评的工程必须符合基本建设程序，严格执行《建设工程质量管理条例》《市政工程安全生产管理条例》《工程建设标准强制性条文》，现场的文明施工和安全生产管理应达到浙江省住房和城乡建设厅所规定的要求；工程建设过程中未发生等级以上重大事故。

图7.4 杭州市建设工程"西湖杯"奖杯及荣誉证书

5）必须是完整的单位工程，且由质量监督站进行监督的工程。

6）参评工程应有创"西湖杯"计划，并经建设、监理单位签章。未申报创杯计划的工程不得参评。

7）工程于当年9月30日前竣工验收合格，交付使用。

8）工程必须通过竣工验收备案。

9）参评工程必须具有工程质量监督机构的跟踪评价意见。

（2）申报资料

申报"西湖杯"工程的施工企业应填写申报表和提供有关申报材料，申报表应附有该工程勘察、设计、建设、监理单位对申报工程的质量评价。申报材料应包括：

1）市政工程中标通知书和施工许可证；

2）经过备案部门签署的工程竣工验收备案表；

3）单位工程质量竣工验收报告；

4）设计、施工、监理单位资质证书；

5）工程项目经理资质证书和总监理工程师资格证书；

6）监理评估报告；

7）质量监督机构的质量监督意见；

8）经安全监督机构签署的工程安全优良等级证明材料；

9）反映工程全貌及工程质量的视频（时间约10分钟）和彩照8张以上（要求图像清晰，构图完整，可观性强，反映工程特点、科技含量和质量水平）。

10）其他需要提供的资料。

（3）申报流程

"西湖杯"申报流程如图7.5所示。

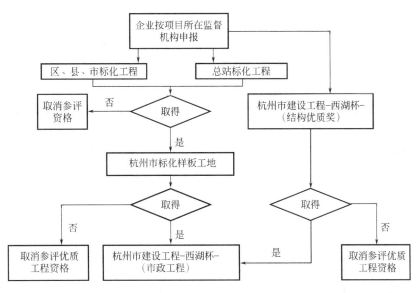

图 7.5　"西湖杯"申报流程

7.3.2　浙江省市政（优质工程）金奖示范工程

浙江省市政金奖示范工程（以下简称"省市政金奖工程"，图 7.6）是浙江省市政公用行业内建设工程质量方面的最高荣誉奖项（省级工程质量奖）。获奖工程应是安全可靠、设计合理、技术领先、管理先进，工程质量达到省内一流水平的市政公用工程。省市政金奖工程每年评选一次，由浙江省市政行业协会组织实施。

申报流程：申报单位填写《浙江省市政金奖示范工程申报表》，经建设、监理、质监、

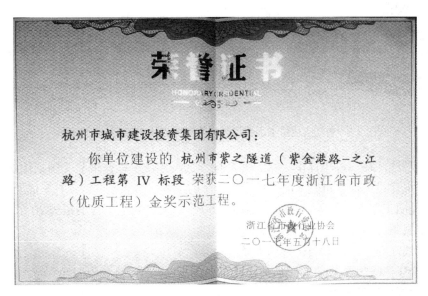

图 7.6　浙江省市政（优质工程）金奖示范工程荣誉证书

养护管理（使用）单位签署意见并加盖印章后报工程所在地设区市市政行业协会，由工程所在地设区市市政行业协会择优向省市政行业协会推荐申报。

浙江省市政行业协会秘书处依据规定对申报工程的申报材料并结合施工过程检查情况进行初审，对通过初审的项目由省市政行业协会秘书处组织专家进行现场评估；根据申报材料初审和现场评估结果进行综合汇总，形成书面报告提交评审委员会。评审委员会经无记名投票，同意票数占评委出席人数二分之一以上的工程当选，初步确定获奖工程。

省市政行业协会秘书处将评选结果在"浙江市政"网站上公示，公示时间7天，无异议后由省市政行业协会正式发文公布，并上报省住房和城乡建设厅备案，抄送各市建设行政主管部门（市政）和建设工程招投标办公室。

7.3.3 浙江省建设工程钱江杯奖（优质工程）

浙江省建设工程钱江杯奖（优质工程）（以下简称"钱江杯"，图7.7）是浙江省1997年设立的建设工程质量最高奖，由省住房和城乡建设厅、省建筑业协会和省工程质量管理协会聘请有关专家组成评审委员会评审，评委下设办公室负责具体工作。评审通过的工程，由省住房和城乡建设厅、省建筑业协会、省工程质量管理协会颁奖，获奖工程的质量应达到省内先进水平并具有较好的经济效益和社会效益。

图7.7　浙江省建设工程钱江杯奖（优质工程）奖杯及荣誉证书

浙江省"钱江杯"每年评审一次，并与推荐选报建设工程鲁班奖（国家优质工程）同步进行。申报建设工程鲁班奖（国家优质工程）的工程，必须是"钱江杯"优质工程项目。"钱江杯"优质工程奖每年评定的数额不超过50个，其中住宅工程不超过20个。

（1）申报条件

申报"钱江杯"工程应当符合以下条件：

1）符合法律法规要求和工程基本建设程序；

2）工程规模达到要求；

3）工程设计、施工符合国家、行业和地方标准的要求；

4）工程施工工艺和技术措施先进合理，工程质量具有省内同类工程先进水平；

5）工程技术档案资料正确、完整；

6）在施工中未发生质量安全事故，安全生产、文明施工和扬尘控制具有省内同类工程先进水平；

7）未发生拖欠农民工工资案件以及违反法律、法规等问题。

（2）申报流程

"钱江杯"申报流程如图7.8所示。

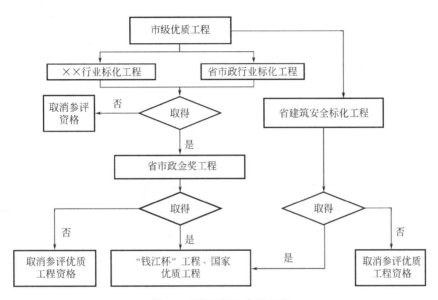

图 7.8 "钱江杯"申报流程

7.3.4 国家优质工程奖

国家优质工程奖设立于 1981 年，是经国务院确认设立的工程建设领域跨行业、跨专业的国家级质量奖（图7.9）。国家优质工程奖以各行业、各领域工程项目质量为主要评定内容，涉及工程项目从立项到竣工验收各个环节。

国家优质工程奖的评选范围涵盖冶金、有色、煤炭、石油、石化、化工、电力、水利、核工业、林业、航空航天、建材、铁路、公路、市政、水运、通信和房屋建筑等工程建设行业（专业），贯穿工程建设各个环节。奖励对象包括建设单位和勘察设计、施工、监理等参与工程建设的相关企业。

参与国家优质工程奖评选的项目，其设计水平、科技含量、节能环保、施工质量、综合效益应达到同期国内领先水平，并已获得省部级（含）以上的工程质量奖和优秀设计奖。

国家优质工程奖评审工作由国家工程建设质量奖评审委员会负责专业技术审查并提出最终推荐名单，中国施工企业管理协会会长办公会议决定获奖项目，中国施工企业管理协会颁布。截至 2020 年，已累计评选出"国家优质工程奖" 3692 项，其中"国家优质工程金奖" 155 项。

图 7.9 国家优质工程奖荣誉证书

7.3.5 中国建设工程鲁班奖（国家优质工程）

鲁班奖是我国建设工程质量的最高奖（图 7.10），工程质量应达到国内领先水平。中国建设工程鲁班奖（国家优质工程）的前身为建筑工程鲁班奖，于 1987 年设立；1996 年 9 月 26 日，建筑工程鲁班奖与国家优质工程奖合并，称中国建筑工程鲁班奖（国家优质工程）；2008 年 6 月 13 日，中国建筑工程鲁班奖（国家优质工程）更名为中国建设工程鲁班奖（国家优质工程）。

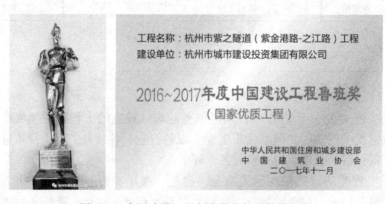

图 7.10 中国建设工程鲁班奖奖杯及荣誉证书

鲁班奖的评选工作在住房和城乡建设部指导下由中国建筑业协会组织实施，评选结果报住房和城乡建设部。2010 年起，中国建设工程鲁班奖（国家优质工程）改为每两年评比、表彰一次，获奖单位为获奖工程的主要承建单位、参建单位。截至 2019 年 12 月，共有 2000 多家企业承建的 2487 个工程项目获中国建设工程鲁班奖（国家优质工程），173 个工程项目获中国建设工程鲁班奖（境外工程）。

（1）申报条件

1）符合法定建设程序、国家工程建设强制性标准和有关省地、节能、环保的规定，工程设计先进合理，并已获得本地区或本行业最高质量奖。

2）工程项目已完成竣工验收备案，并经过一年使用没有发现质量缺陷和质量隐患。

3）工业交通水利工程、市政园林工程除符合1）、2）项条件外，其技术指标、经济效益及社会效益应达到本专业工程国内领先水平。

4）住宅工程除符合1）、2）项条件外，入住率应达到40%以上。

5）申报单位应没有不符合诚信的行为。自2011年起，申报工程原则上应已列入省（部）级的建筑业新技术应用示范工程。

6）积极采用新技术、新工艺、新材料、新设备，其中有一项国内领先水平的创新技术或采用住建部"建筑业10项新技术"不少于6项。

（2）申报资料

1）申报工程、申报单位及相关单位的基本情况。

2）工程立项批复、承包合同及竣工验收备案等资料。

3）工程彩色数码照片20张及5分钟工程视频录像。

（3）申报流程

1）承建单位提出申请，主要参建单位的资料由承建单位统一汇总申报。

2）征求有关行业建设协会或行业主管部门的意见。

3）省、自治区、直辖市建筑业协会、有关行业建设协会和有关单位，对申报资料进行审查。

4）征求省级建设行政主管部门或行业主管部门的意见。

5）中国建筑业协会秘书处依据规定的申报条件和要求进行初审。

6）中国建筑业协会组成若干复查组对通过初审的工程进行复查。

7）评审委员会以无记名投票方式评出入选鲁班奖工程。

7.3.6　中国土木工程詹天佑奖

中国土木工程詹天佑奖（简称"詹天佑奖"，图7.11）由中国土木工程学会和北京詹天佑土木工程科学技术发展基金会于1999年联合设立，是"詹天佑土木工程科学技术奖"的主要奖项，是住房和城乡建设部认定的全国建设系统工程奖励项目之一。

图 7.11　中国土木工程詹天佑奖获奖证书

詹天佑奖是我国土木工程领域工程建设项目科技创新的最高荣誉奖，由中国土木工程学会和北京詹天佑土木工程科学技术发展基金会联合颁发，在住房和城乡建设部、交通运输部、水利部、中国铁路总公司（原铁道部）等建设主管部门的支持与指导下进行。

评选范围包括下列各类工程：①建筑工程（含高层建筑、大跨度公共建筑、工业建筑、住宅小区工程等）；②桥梁工程（含公路、铁路及城市桥梁）；③铁路工程；④隧道及地下工程、岩土工程；⑤公路及场道工程；⑥水利、水电工程；⑦水运、港工及海洋工程；⑧城市公共交通工程（含轨道交通工程）；⑨市政工程（含给水排水、燃气热力工程）；⑩特种工程（含军工工程）。

申报詹天佑奖的工程需具备下列条件：

1）必须在勘察、设计、施工以及工程管理等方面有所创新和突破（尤其是自主创新），整体水平达到国内同类工程领先水平。

2）必须突出体现应用先进的科学技术成果，有较高的科技含量，具有一定的规模和代表性。

3）必须贯彻执行"适用、经济、绿色、美观"的建筑方针，突出建筑使用功能以及节能、节水、节地、节材和环境保护等可持续发展理念。

4）工程质量必须达到优质工程。

5）必须通过竣工验收。对建筑、市政等实行一次性竣工验收的工程，必须是已经完成竣工验收并经过一年以上使用核验的工程；对铁路、公路、港口、水利等实行"交工验收或初验"与"正式竣工验收"两阶段验收的工程，必须是已经完成"正式竣工验收"的工程。

7.4 质量创优案例

2017年11月6日，"纪念鲁班奖创立30周年暨2016—2017年度创精品工程经验交流会"在北京举行，杭州市紫之隧道（紫金港路—之江路）工程被授予中国建设工程质量最高荣誉——鲁班奖。这是浙江省市政工程城市隧道的第一个鲁班奖，也是全国城市隧道群的第一个鲁班奖，是紫之隧道继获得杭州市"西湖杯"、浙江省"钱江杯"、国家优质工程奖之后的第11项大奖。2019年9月12日，紫之隧道又获得2019年第十七届中国土木工程詹天佑奖。

7.4.1 案例项目概况

紫之隧道长约14.4km（图7.12），南接之浦路，北连紫金港路、紫金港立交、紫金港北路、紫金港路隧道，组成杭城"四纵五横"快速路网最西的"一纵"，连通了城西、城西北，以及滨江、之江。隧道于2016年8月10日正式建成通车，让来往城西西溪一带与之江转塘等地的距离大大缩短，驱车仅需15分钟。

紫之隧道由杭州市城投集团、杭州市城建发展公司建设，是国内规模最大的城市隧道群。建设中既要尽可能减少对世界文化遗产西湖的影响，还要挑战淤泥质地层、深基坑施工、主线与匝道交会、大断面开挖、环境保护等一系列高难度，因此，工程被业内人士形象地比作"在嫩豆腐里打洞"。

图 7.12　紫之隧道入口

7.4.2　鲁班奖创建经验总结

（1）明确目标

一个工程如果确定要创鲁班奖，必须首先制定创鲁班奖目标，并要为实施这个目标而制定切实可行的具体措施。在工程的实施过程中，将目标分解落实到基层，严格管理、严格控制、严格检验。以往创鲁班奖的目标多是"争创鲁班奖"，而今有的施工企业却以"誓夺鲁班奖"表示决心。有的施工企业还主动请建设单位与监理单位严格监督检查，对使用的建筑材料和所施工的工程质量一丝不苟，不留退路。

（2）过程精品，一次成优

在创鲁班奖中，必须对建造的全过程事先策划、过程控制、严格检验，以达到过程精品，一次成优。这方面的经验是很多的。紫之隧道浅埋暗挖段埋深浅、断面大、开挖距离长，隧道全断面处于 Ⅵ 级围岩的淤泥质粉质黏土中，该土质蠕动性大、自立性差、含水率高度饱和，比上海的"豆腐软土"更软、更难。施工单位自主创新地采用 MJS 工法，于左线和右线各进行 30m 试验段，在全断面淤泥质黏土（承载力 60kPa）中，实现在保护既成拱架的前提下对软弱淤泥质土的加固，取得了地面沉降仅 25mm 的佳绩。

（3）过程录像，简明扼要

按申报鲁班奖办法的要求，每个申报工程要拍摄 5 分钟的录像（或光盘），这 5 分钟录像是很重要的。评委们对很多申报的工程没有观看过，或印象不深。评委们评审一个工程约需 20 分钟，其中看录像 5 分钟；听汇报 5 分钟，评议（含提问题）10 分钟（每个小时评 3 个工程，120 多个工程要评 5 天），因此录像是使他们建立第一印象的最佳途径。效果好的录像主要表现在以下几个方面：①图像清晰，解说词清楚，音乐轻盈；②工程质量的亮点能通过画面和解说词反映出来，录像能表达出工程质量的优良；③内容全面，如质量控制、推广应用新技术等均能得到反映。效果不好的录像则表现在：①图像不清晰，

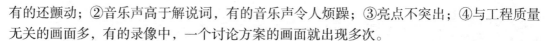

有的还颤动；②音乐声高于解说词，有的音乐声令人烦躁；③亮点不突出；④与工程质量无关的画面多，有的录像中，一个讨论方案的画面就出现多次。

（4）提高标准，严格执行

鲁班奖工程的质量水平是国内一流水平，因此必须采用高标准。也就是要采用高于国家标准、行业标准和地方标准的企业标准，否则很难得到推荐。

虽然我们常说工程质量要遵从国家标准的要求，但应知道，国家标准的要求是最基本的要求，达到这个要求就是工程质量合格，达不到就是不合格。现行国家标准《建筑工程施工质量验收统一标准》GB 50300 是没有优良等级的，只有一个合格等级，虽然与《建筑安装工程质量检验评定统一标准》GBJ 300—1988 相比，合格等级有所提高，但仍低于优良等级标准。鲁班奖工程质量需要达到用户非常满意的要求，因此创鲁班奖工程的质量要求必须大大高于国家标准。因此，在当前工程质量验收标准只有一个质量等级（合格）的情况下，需要有高于国家标准的地方标准和企业标准。

北京市在高于国家标准的基础上，制定了《建筑结构长城杯工程评审标准》和《建筑长城杯工程质量评审标准》。这两本标准不仅对实物质量进行评定，还对管理工作质量和工程资料工作质量进行评定。北京市的施工企业如果要创鲁班奖，还须制定高于上述标准的企业标准，因为鲁班奖工程是"优中选优"评选出来的。该企业标准不仅要高于国家和地方标准，还要高于其他企业。2002 年，北京市一个获鲁班奖工程，该工程中 1786 根混凝土梁的截面尺寸偏差均不大于 1mm，930 根柱的垂直偏差均小于 2mm；另一个获奖工程的混凝土梁柱截面尺寸偏差均小于 2mm。可见其质量水平之高。

为使申报工程在本地区（部门）是拔尖的，有的承建企业在施工前或施工中就与本地区或外地区的同类获奖工程进行横向对比，找出差距。2002 年获奖工程中，有的申报企业不仅对本地区及外地区同类工程的质量情况一清二楚，而且认真汲取别人的长处，将别人的不足之处作为今后的教训。因此，创鲁班奖的工程一定要注意横向对比，千万别仅将自己与自己作纵向对比。

（5）收集资料，内容齐全

创鲁班奖工程的基本要求是必须遵守国家标准，因此，复查和评审时就应达到资料完整，不得有漏项、缺项。这个要求是高的，按国家标准规定，仅施工试验的资料就很多，如混凝土工程在浇筑时，试件的留置数量要按标准的要求执行，不能再像以往那样短缺。

近年，申报鲁班奖的工程中，有的资料已达到了国家标准中"齐全"的要求。以某申报工程为例，其技术资料是有代表性的，复查组评价为：工程资料齐全，有总分目录表，查阅非常方便。各分部分项工程的施工图会审、设计变更、施工方案技术措施、技术交底、隐蔽记录、测量自检、设备测试、沉降观测记录，各种合格证等资料齐全；水泥、钢材、混凝土砂浆、金属材料等测试报告齐全，各种质量检验报告齐全，数据准确可靠。但也有一些申报工程，其技术资料还只能达到"基本齐全"的程度，这在以后将是难以通过评审的。

（6）推广应用，高新技术

在创鲁班奖工程中，要提高质量水平，要消除质量问题和攻克技术难关，都必须通过推广应用新技术来解决。近几年，申报鲁班奖的工程普遍推广应用了新技术，使申报的工程质量水平有了很大的提高，出现的质量问题也少了很多，一些工程的新技术达到了国际先进水平或国际领先水平。杭州紫之隧道工程从建设方面开展关键技术的研究，包括复杂环境下软弱土层长距离浅埋暗挖关键技术、复杂地形地质条件下小间距山岭隧道围岩变形与支护技术、主线隧道交叉段与匝道交汇段关键技术等研究，累计发表论文 15 篇，获得发明专利 1 项、实用新型专利 9 项、省部级工法 2 项、省科技进步奖 2 项。今后创鲁班奖工程不仅要求工程质量水平高，还应该注意项目建设的成本，提高投资效益，坚持质量和效能的统一。不应为了评鲁班奖而不惜成本，过分加大投入。

（7）企业诚信结合

在市场竞争的情况下，企业诚信是企业生存的一个条件，诚信是宏观的，企业的诚信应该通过多个微观量化的诚信指数来考核和评定。企业获鲁班奖有助于创造企业的品牌和形象，但企业真正的品牌和形象是诚信。因此，必须将创鲁班奖与提高企业的诚信相结合。企业诚信可使广大用户得到放心，可以树立施工企业的形象，但怎么考核企业的诚信指数（标准），还没有一个完整的规定，在此仅介绍一些企业的做法，主要包括：合同的全面履约率、质量的合格（优良）率、事故的伤亡率、社会的投诉率、现场的文明施工等。企业必须遵纪守法，严格执行国家有关法律法规，按规定纳税，提供优质服务，提高企业整体素质。

（8）建设单位，通力合作

在创鲁班奖工程中，建设单位的支持至关重要。有的建设单位不是质量第一，而是造价第一；有的资金不到位，施工过程中拖欠严重，工程不得不时断时续，工期拖得很长；有的将工期压得过短，使工程施工过程中，不得不打乱仗；有的是不反对，但也不支持；还有的虽不公开表示反对，但不积极支持。一般来说，绝大多数的建设单位是非常支持的。

（9）建立班组，分工明确

一个质量目标是创鲁班奖的工程，首先要考虑配备一个强有力的项目班子，关键又在于项目经理。现在一些工程招标中，不仅要选承包的公司，而且非常重视由哪个项目部来负责。积累了创精品工程的经验后，有的项目部可以接二连三地创出精品工程。上海住总集团的一位项目经理所承建的工程，不论大小都是精品工程，并连续创出两个鲁班奖工程。他的经验是：必须有强烈的精品意识。他认为工程无论大小，都是舞台，只要给舞台，就要出精品；必须有严格苛求的工作作风和严密的质量管理体系，保持质量始终处于受控状态；严格遵守施工规范和手册，在工程质量上没商量。这样的项目经理当然能实现质量目标和创出精品工程。

7.4.3　鲁班奖创建的注意点

总结一些落选的工程（也含一些获奖工程）发现，这些工程或多或少地进入了创鲁班奖的误区，导致所申报的工程落选或名次受到一定影响。针对这些误区，将注意事项汇集如下：

（1）不要违背工程建设标准的强制性条文

有的申报工程的质量虽然是不错的，但在复查中发现有个别部位违背了国家工程建设标准的强制性条文。在评审鲁班奖工程中，不允许有违背强制性条文之处，一经发现就会落选。有的申报工程出现的违背强制性条文并不完全是施工方面造成的，如楼梯和阳台设计的扶手高度不够，防水卷材设计的道数不够等，这些问题也会造成落选。因此，申报鲁班奖工程在施工过程中，要认真对照条文内容，即使不是施工方面造成的，也要向有关方面提出。申报鲁班奖的市政工程必须严格遵守《工程建设标准强制性条文（城市建设部分）》。

（2）不要在施工过程中发生重大事故

浙江省内规定：在一个市辖区内，如果一年内发生两次三级或一次二级重大事故，取消该市当年申报"钱江杯"并停产整顿。以往鲁班奖申报办法中已有这方面规定，今后会更为严格。

（3）不要申报未竣工或未竣工验收和未备案的工程

以往曾出现过，当复查组赴现场检查时才发现，工程并没有竣工或未办理竣工验收和备案，有的工程因此而落选，有的工程自动撤出，造成不必要的浪费。

（4）不要忽视环境质量

近几年，由于全社会对环境质量的重视，建筑工程的环境质量被提到了重要的位置。对于竣工的建筑工程，如果环境质量不符合要求，环保部门不验收，就不能办理竣工验收和备案，更不能交付使用。

（5）不要过分夸大工程特点

有的申报企业过分夸大工程的特性，如有的住宅工程被随意冠以"高级"或"豪华"，就很可能产生适得其反的结果；有的工程质量本身是不错的，但介绍工程质量时说，经检查，某分项工程允许偏差均为"0"，这一介绍反而使人感到不实；还有的工程是推广应用了一些已广泛使用的新技术，但介绍时说使用的技术为国内领先，这样的介绍也是不适宜的。

（6）不要申报有质量缺陷的工程

鲁班奖工程是精品工程，是国内质量一流的工程，因此在申报鲁班奖的工程中，不得有质量缺陷。但也有极少数工程是有质量缺陷的，如有的经复查发现，工程多处出现管道及设施跑、冒、滴、漏；预制及现浇的混凝土柱均有狗洞、露筋；质量保证资料欠缺；地面大面积开裂、空鼓；钢结构严重锈蚀等。类似这样有质量缺陷的工程是不具备申报条件的，企业应对所申报的工程做到心中有数。

（7）不要忽视一些不显眼部位的质量

有些申报的工程，显眼部位的工程质量非常好，但在不显眼或不太显眼的部位却较粗糙，如消防楼梯间、地下车库、电梯机房、管道井等。鲁班奖工程要求是整体质量达到精品要求的工程，不论是显眼的或是不显眼的，不论是看到的或是看不到的，都应是精品。忽视不显眼部位的质量是一大失误。

（8）不要过多出现质量的不足之处

申报鲁班奖的工程虽然质量要求达到国内一流水平，但就实际情况来看，一个虽称是精品的工程也不可能是完美无缺的，毕竟现阶段使用的建筑材料及部件质量还存有不少问题，工业化程度不高，不少工序还停留在手工操作，因此，不可避免会出现一些质量问题，但所出现的质量问题绝不能影响安全和功能，顶多算是美中不足。